W0254032

MikroComputer-Praxis

Die Teubner Buch- und Diskettenreihe für Schule, Ausbildung, Beruf, Freizeit, Hobby

Becker/Beicher: **TURBO-PROLOG in Beispielen**
In Vorbereitung

Becker/Mehl: **Textverarbeitung mit Microsoft WORD**
2. Aufl. 279 Seiten. DM 29,80

Bielig-Schulz/Schulz: **3D-Grafik in PASCAL**
216 Seiten. DM 25,80

Buschlinger: **Softwareentwicklung mit UNIX**
277 Seiten. DM 38,–

Danckwerts/Vogel/Bovermann: **Elementare Methoden der Kombinatorik**
Abzählen – Aufzählen – Optimieren – mit Programmbeispielen in ELAN
206 Seiten. DM 24,80

Duenbostl/Oudin: **BASIC-Physikprogramme**
152 Seiten. DM 24,80

Duenbostl/Oudin/Baschy: **BASIC-Physikprogramme 2**
176 Seiten. DM 24,80

Erbs: **33 Spiele mit PASCAL**
... und wie man sie (auch in BASIC) programmiert
326 Seiten. DM 36,–

Erbs/Stolz: **Einführung in die Programmierung mit PASCAL**
3. Aufl. 240 Seiten. DM 25,80

Fischer: **COMAL in Beispielen**
208 Seiten. DM 24,80

Fischer: **TURBO-BASIC in Beispielen**
208 Seiten. DM 24,80

Glaeser: **3D-Programmierung mit BASIC**
192 Seiten. DM 24,80

Grabowski: **Computer-Grafik mit dem Mikrocomputer**
215 Seiten. DM 25,80

Grabowski: **Textverarbeitung mit BASIC**
204 Seiten. DM 25,80

Haase/Stucky/Wegner: **Datenverarbeitung heute**
mit Einführung in BASIC
2. Aufl. 284 Seiten. DM 24,80

Hainer: **Numerik mit BASIC-Tischrechnern**
251 Seiten. DM 28,80

Hanus: **Problemlösen mit PROLOG**
2. Aufl. 224 Seiten. DM 25,80

Holland: **Problemlösen mit micro-PROLOG**
Eine Einführung mit ausgewählten Beispielen
aus der künstlichen Intelligenz
239 Seiten. DM 26,80

Hoppe/Löthe: **Problemlösen und Programmieren mit LOGO**
Ausgewählte Beispiele aus Mathematik und Informatik
168 Seiten. DM 24,80

Klingen/Liedtke: **ELAN in 100 Beispielen**
239 Seiten. DM 26,80

Preisänderungen vorbehalten

MikroComputer-Praxis

Herausgegeben von
Dr. L.H. Klingen, Bonn, Prof. Dr. K. Menzel, Schwäbisch Gmünd
Prof. Dr. W. Stucky, Karlsruhe

TURBO-BASIC in Beispielen

Von Dr. Volker Fischer, Osnabrück

B. G. Teubner Stuttgart 1987

CIP-Kurztitelaufnahme der Deutschen Bibliothek

Fischer, Volker:
TURBO-BASIC in Beispielen / von
Volker Fischer. –
Stuttgart : Teubner, 1987
(MikroComputer-Praxis)
ISBN 978-3-519-02548-1 ISBN 978-3-322-94676-8 (eBook)
DOI 10.1007/978-3-322-94676-8

Gesamtherstellung: Passavia Druckerei GmbH, Passau
Umschlaggestaltung: M. Koch, Reutlingen

V O R W O R T

Mit der Programmiersprache BASIC (Beginner's All purpose Symbolic Instruction Code) verbindet sich die Vorstellung einer einfachen und rasch zu erlernenden Programmiersprache, die es erlaubt, Programme "im Dialog" mit dem Computer zu entwickeln und zu erproben. Dieser direkte Umgang mit dem Gerät macht sicherlich gerade den Reiz des Programmierens in der Sprache BASIC aus.

Gleichzeitig verband sich mit der Bezeichnung BASIC aber auch die Vorstellung einer relativ langsamen Programmausführung sowie die einer ungenügenden Strukturierungsmöglichkeit der Programme mit der Gefahr des unentwirrbaren "Spaghetti-Codes".

Von einer Programmiersprache verlangt man heute jedoch sowohl rasche Erlernbarkeit, komfortable interaktive Programmentwicklungs- als auch gute Strukturierungsmöglichkeiten der sich selbst erklärenden Programme sowie kurze Programmausführungszeiten.

Die seit dem Frühjahr 1987 für IBM-kompatible PC's verfügbare Programmiersprache "Turbo BASIC" erfüllt diese Anforderungen; sie vereint die Vorteile der direkten Programmierung in der Sprache BASIC mit den Anforderungen guter Strukturierung und kurzer Programmlaufzeiten.

Das zu GWBASIC und BASICA aufwärtskompatible Turbo BASIC bietet unter anderem

- eine sehr komfortable Benutzeroberfläche in Fenstertechnik,
- einen Compiler, der so rasch und unauffällig arbeitet, daß man durchaus von interaktiver Programmentwicklung sprechen kann,
- Strukturierungsmöglichkeiten, die z.B. IF ... ELSEIF ... END IF - Blockstrukturen, SELECT-CASE-Strukturen, WHILE- und UNTIL-Schleifen, Prozeduren und Funktionen mit der Möglichkeit rekursiver Aufrufe umfassen,
- Referenz- und Wertaufruf von Prozeduren und Funktionen,
- getrennte Verwaltung von lokalen und globalen Variablen,
- die Möglichkeit der Verkettung von Programmteilen mittels CHAIN
- die Verwendung von INCLUDE-Dateien sowie

- eine sehr komfortable Möglichkeit zur Umwandlung eines Turbo-BASIC-Programmes in eine eigenständige unter DOS lauffähige ".EXE"-Datei.

Der vorliegende Band soll einen Einstieg in die Programmierung mit Turbo BASIC bieten. Hierzu gehört neben der Erläuterung der Sprachelemente auch die Einführung in einen sinnvollen Umgang mit den Strukturierungsmöglichkeiten von Turbo BASIC, die die Erarbeitung einer Problemlösung unterstützen.
Daher werden im ersten Teil unter Heranziehung von Demonstrationsbeispielen die wesentlichen von Turbo BASIC zur Verfügung gestellten Strukturierungs- und Sprachelemente behandelt - den Hauptteil des Bandes bilden 60 vollständig ausgeführte konkrete Beispielprogramme aus unterschiedlichen Bereichen wie Schulmathematik, Spiele, Dateiverwaltung.

Bei der Formulierung der Lösungsvorschläge standen leichte Verständlichkeit und übersichtlichkeit im Vordergrund - es ging nicht darum, beispielsweise die Rechenzeit zu minimieren.

Getestet wurden sämtliche Programme auf einem Commodore PC mit 640 KB Arbeitsspeicher. Sollten Sie Fehler in der Darstellung bzw. in den Programmen finden, meine Tests werden sicherlich nicht jeden Fehler aufgedeckt haben, wäre ich für einen kurzen Hinweis dankbar.

Meine Anschrift:

Volker Fischer, Obere Martinistr. 13, 4500 Osnabrück

Dem Teubner-Verlag gilt mein Dank für die gute Unterstützung bei der Erstellung dieses Bandes.

Osnabrück, im September 1987 Volker Fischer

Inhaltsverzeichnis Seite

Verzeichnis der verwendeten Turbo-BASIC - Elemente

1 Einleitung

BASIC wird sicherlich noch für geraume Zeit die wohl verbreitetste Programmiersprache darstellen. Den Vorteilen der leichten Erlernbarkeit und der interaktiven Programmerstellung stehen allerdings einige Nachteile gegenüber, die bei der Verwendung von Turbo BASIC entfallen, ohne daß die Vorteile des Interpreter-BASIC aufgegeben werden müßten.

Die Vorteile von Turbo BASIC lassen sich jedoch nur dann umfassend nutzen, wenn man von einigen Techniken der üblichen BASIC-Programmierung Abstand nimmt: Verwendung von Programmablaufplänen, Voranstellen von Zeilennummern mit der Formulierung von unbedingten Sprunganweisungen zu diesen Nummern, Ausgliederung von Unterprogrammen, die lediglich mittels GOSUB und RETURN angesprochen werden.

Die Strukturierungsmöglichkeiten von Turbo BASIC, die die Ermittlung der Problemlösungen vereinfachen und die Programme übersichtlicher werden lassen, sind nur dann optimal zu nutzen, wenn man anstelle der Programm-Ablauf-Pläne Struktogramme (Nassi-Shneiderman-Diagramme) verwendet.

Zeilennummern können eingesetzt werden; sie sind jedoch abgesehen von Fällen der Fehlersuche mittels Trace-Läufen, bei denen sie gezielt an kritischen Punkten des Programmes einzufügen sind, überflüssig und sollten daher auch entfallen, um nicht doch zu einem "GOTO 597" zu verleiten.

Da Turbo BASIC - anders als z.B. Pascal - sämtliche Strukturierungselemente vollständig durch Schlüsselworte klammert, läßt sich ein Struktogramm eins zu eins in ein Turbo-BASIC-Programm übertragen - umgekehrt läßt sich aus einem Turbo-BASIC-Programm direkt das zugrundeliegende Struktogramm ablesen, sofern der im Abschnitt 2.4 vorgeschlagene Weg der Einrückung der Programmzeilen verfolgt wird.

Wenngleich Turbo BASIC die strukturierte Programmierung sehr gut unterstützt und auf bequeme Weise einen schnellen Code erzeugt, so gibt es meiner Ansicht nach doch zwei kritisch anzumerkende Punkte, die wahrscheinlich durch die angestrebte Aufwärtskompatibilität zu GWBASIC und BASICA nicht zu vermeiden waren.

1. Turbo BASIC verwaltet Variablen, die sich lediglich durch das angehängte Typensymbol unterscheiden, als zwei verschiedene Variable. (walter <> walter$)

Hierdurch werden die Programme sicherlich nicht lesbarer; der Programmierer hat es jedoch selbst in der Hand, durch Verwendung unterschiedlicher, längerer, selbsterklärender Variabler dieses Problem zu umgehen.

2. Turbo BASIC verwendet das " = "-Zeichen für zwei unterschiedliche Vorgänge. Einmal übernimmt es die Bedeutung des Zuweisungspfeiles ":=", zum anderen steht es für die Identitätsprüfung zweier Terme.

Diese beiden Vorgänge sollte man streng voneinander trennen. Da die Möglichkeit, die Zuweisung durch das Schlüsselwort "LET" im Programm kenntlich zu machen, in der Praxis kaum benutzt wird, soll in diesem Band der Weg beschritten werden, daß im Rahmen von Problemanalysen und Struktogrammen, d.h. bei allen Darstellungen, die nicht konkrete Programmzeilen darstellen, für die Zuweisungen das Symbol " := " verwendet wird und für die Identitätsprüfungen das Symbol " = "; im Rahmen der Programmzeilen läßt sich diese Form der Unterscheidung allerdings nicht mehr aufrecht erhalten.

Schon aus Gründen des Umfanges dieses Bandes konnten nicht sämtliche der über 200 Turbo-BASIC-Wörter erläutert und in Beispielen verwandt werden; der Bereich der Graphik z.B. wurde vollständig ausgespart. Weiterhin werden Grundkenntnisse des Umganges mit dem DOS-Betriebssystem vorausgesetzt - die Einrichtung eines Unterverzeichnisses beispielsweise wird nicht erläutert.

Die in diesem Band aufgeführten Beispiele sollen als Anregungen dienen - es gibt sicherlich Möglichkeiten, Vorgänge eleganter, kürzer und (rechenzeit-)sparender zu formulieren. Nutzen Sie diese Möglichkeiten, schreiben Sie die Programme um!

2 Anfertigung eines Turbo-BASIC-Programmes

2.1 Überlegungen zur strukturierten Programmierung

Ein Computerprogramm besteht aus einer Folge von Anweisungen, die ein nicht-denkfähiges Gerät in die Lage versetzen soll, in der Zukunft ein Problem beliebig oft mit jeweils unterschiedlichen Ausgangsdaten zu lösen.
Da für die Zukunft geplant und formuliert wird, ist besonderer Wert darauf zu legen, daß sämtliche im Rahmen des Problems denkbaren Fälle erfaßt werden und daß das Gerät bei der Abarbeitung der Anweisungen nicht unversehens z.B. in eine Endlosschleife gerät.
Bei der Formulierung der Anweisungsfolge muß deshalb insbesondere darauf geachtet werden, daß der beschriebene Ablauf eindeutig und endlich ist. Weiterhin sollte man auf kaum noch überblickbare Sprünge im Programm verzichten.
Dies läßt sich erreichen, wenn man das zu lösende Problem zunächst einmal in zusammenhängenden Blöcken durchdenkt, diese in übersichtlicher Form darstellt und anschließend jeden Block für sich schrittweise weiter verfeinert.
Diese Vorgehensweise wird durch die Sprache Turbo BASIC sehr gut unterstützt.

2.2 Struktogrammelemente und ihre Umsetzung in Turbo BASIC

Die in diesem Abschnitt dargestellten Elemente sollen jeweils mit Hilfe einfacher Turbo-BASIC-Befehle bzw. Demo-Programme erläutert werden. Dabei werden häufig Anweisungen benutzt, wie:

Anweisung:	Bedeutung:
INPUT x	lies eine Zahl ein und speichere sie unter dem Namen "x"
PRINT x	drucke den Wert aus, der unter dem Namen "x" gespeichert ist
PRINT "Wort"	drucke die Zeichenkette "Wort" aus
z = 3*a + 2	errechne den Wert (3*a + 2) und speichere ihn unter dem Namen "z"
y = y + 3	erhöhe den Wert, der unter dem Namen "y" gespeichert ist, um 3

2.2.1 Grundelemente

Vgl. zu diesem Abschnitt u.a. Wirth 1983 b, S. 39 ff.

S E Q U E N Z

Gehen wir zunächst einmal davon aus, daß jedes Programm (selbstverständlich) einen Anfang und ein Ende haben muß. Damit läßt sich ein vollständiges Programm zunächst einmal als ein Block darstellen.

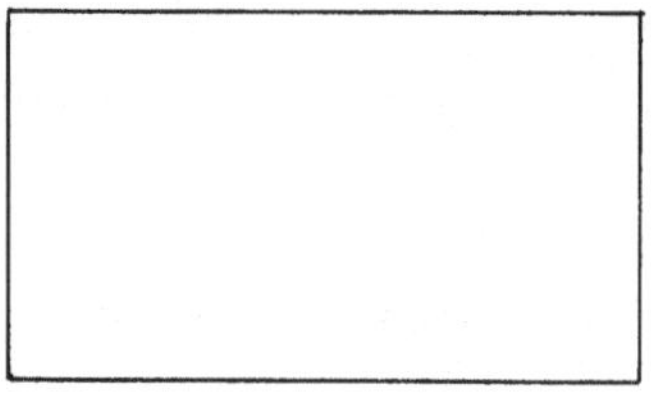

Programmblock

Dieser Programmblock wird stets von oben nach unten durchlaufen.

Da ein Programm allerdings kaum aus lediglich einer einzigen Anweisung bestehen wird, muß man diesen Block in mehrere Anweisungen unterteilen können. Formal wird der Programmblock (Gesamtanweisung) in Einzelanweisungen zerlegt.

Drucke "1. Zeile"	PRINT "1. Zeile"
Drucke "2. Zeile"	PRINT "2. Zeile"
....	....
Drucke "n-te Zeile"	PRINT "n-te Zeile"

Diese Anweisungen werden von oben nach unten in der gegebenen Reihenfolge abgearbeitet. Ein Abschluß des Gesamtprogrammes durch END ist überflüssig - END wird jedoch als Abschluß einiger Strukturelemente verwendet, so z.B. in der Form IF .... END IF .

A U S W A H L

Es kann der Fall eintreten, daß in einem Programm Alternativen zu berücksichtigen sind. In diesem Fall ist der Block senkrecht zu unterteilen, es entstehen Parallelpfade. Zu Beginn des senkrecht unterteilten Blockes muß dem Computer mitgeteilt werden, welcher der alternativ zur Verfügung stehenden Parallelpfade abzuarbeiten ist. Dieses wird durch den Einbau einer symbolischen Weiche am Kopf des betreffenden Blockes erreicht, in der die Verzweigungsbedingung angegeben ist.

<table>
<tr><td colspan="2">wert > 100
Ja ? Nein</td></tr>
<tr><td>Drucke:
"Anweisung
A1 aus-
führen"</td><td>Drucke:
"Anweisung
A2 aus-
führen"</td></tr>
</table>

```
IF wert > 100  THEN

  PRINT "Anweisung A1 ausführen"

ELSE

  PRINT "Anweisung A2 ausführen"

END IF
```

Im dargestellten Fall wird der linke Pfad abgearbeitet, falls die im Kopf der Struktur angegebene Bedingung (wert > 100) erfüllt ist; andernfalls soll der Computer die Anweisungen(en) des rechten Pfades abarbeiten.

Da bei diesem Element der zweiseitigen Auswahl sowohl der linke Pfad als auch der rechte Pfad leer sein können, beinhaltet dieses Element die einseitige Auswahl als Sonderform.

Wenn der rechte Pfad einer zweiseitigen Auswahl leer ist, kann ELSE entfallen; ist der linke Pfad leer, sollte man durch Umkehrung der Bedingung des Strukturkopfes in ihr logisches Gegenteil die Inhalte des rechten und linken Pfades vertauschen. Anschließend kann ELSE wieder entfallen.

Werden die Anweisungen einer derartigen einseitigen Auswahlstruktur in einer Zeile nach dem THEN geschrieben, so kann END IF entfallen. Hiervon sollte man jedoch sparsam Gebrauch machen.

W I E D E R H O L U N G

Eine erwünschte Abweichung vom geradlinigen Durchlauf kann darin bestehen, daß eine Folge von Anweisungen unmittelbar aufeinanderfolgend mehrfach durchlaufen wird.
In diesem Fall kann man die betroffenen Anweisungen durch eine symbolische Wiederholungsklammer zusammenfassen.

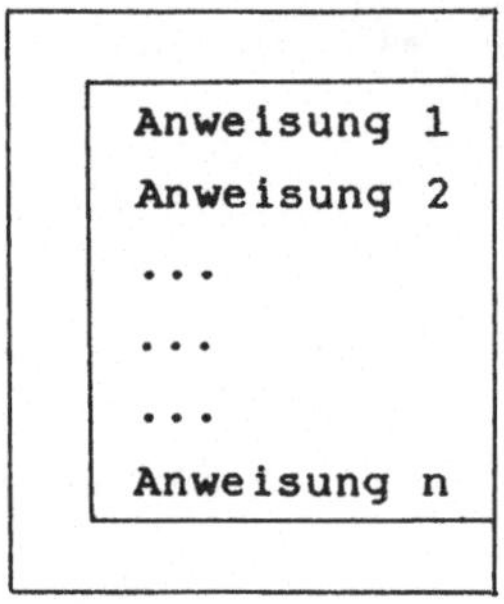

```
+----------------------+
|   +------------------+
|   | Anweisung 1      |
|   | Anweisung 2      |
|   | ...              |      Wiederholungsschleife
|   | ...              |
|   | ...              |
|   | Anweisung n      |
|   +------------------+
+----------------------+
```

Bei einer derartigen Wiederholung muß jedoch festgelegt werden können, wie oft die Folge der Anweisungen 1 bis n durchlaufen werden soll.

Für diese Festlegung gibt es grundsätzlich drei Möglichkeiten:

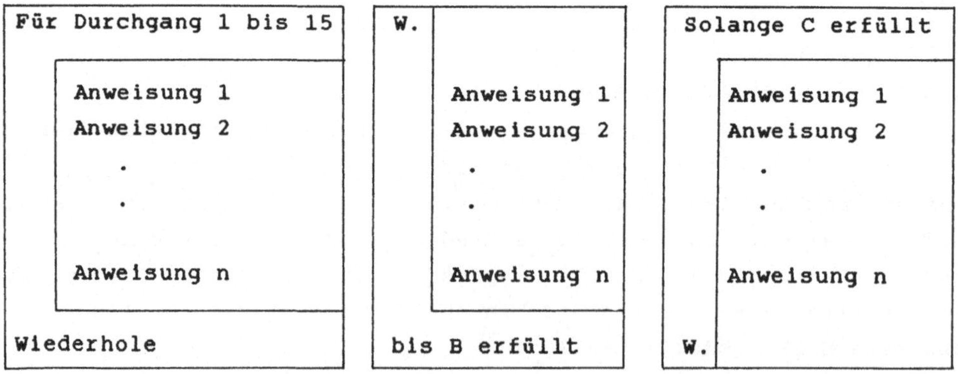

```
+---------------------------+  +--------------------+  +------------------------+
| Für Durchgang 1 bis 15    |  | W. |               |  | Solange C erfüllt      |
|    +----------------------+  |    |               |  |     +------------------+
|    | Anweisung 1          |  |    | Anweisung 1   |  |     | Anweisung 1      |
|    | Anweisung 2          |  |    | Anweisung 2   |  |     | Anweisung 2      |
|    |    .                 |  |    |    .          |  |     |    .             |
|    |    .                 |  |    |    .          |  |     |    .             |
|    | Anweisung n          |  |    | Anweisung n   |  |     | Anweisung n      |
|    +----------------------+  |    +---------------+  |     |                  |
| Wiederhole                |  | bis B erfüllt      |  | W.  |                  |
+---------------------------+  +--------------------+  +-----+------------------+

            a)                          b)                        c)
```

("W." steht für "Wiederhole")

Die Schleifenalternativen a) bis c) sind noch genauer zu erläutern.
Fall a) stellt eine sogenannte Zählschleife dar, bei der die Anzahl der Durchläufe unabhängig von einer weiteren Bedingung festgelegt ist. Um hierbei die Durchläufe mitzählen zu können, muß dem Computer eine Laufvariable angegeben werden, unter der er sich die Anzahl der erledigten Durchläufe "merken" kann. Bei Verwendung der Laufvariablen "lv" könnte ein derartiger Programmteil z.B. wie folgt aussehen:

Beispiel:

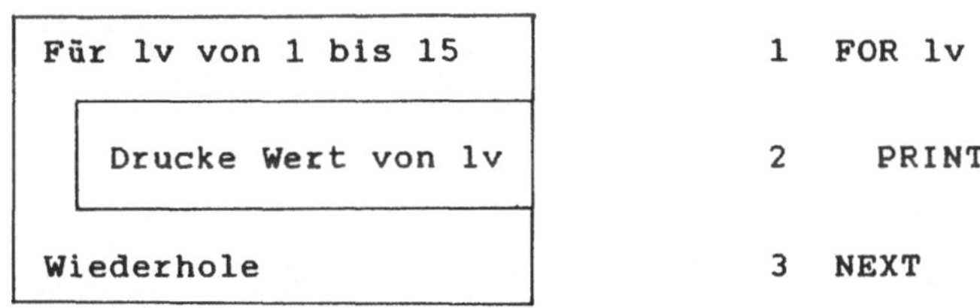


```
1 FOR lv = 1 TO 15
2   PRINT lv
3 NEXT
4 ....
```

Erläuterungen:

Dieser Programmteil wird folgendermaßen abgearbeitet:
Beim ersten Eintritt in die Zeile 1 wird unter dem Namen "lv" der Wert 1 gespeichert. Durch die Anweisung 2 wird dieser Wert jetzt ausgedruckt. In der Zeile 3 ist die Information enthalten, daß die Schleife nunmehr vollständig durchlaufen wurde; der Computer erhöht an dieser Stelle den Wert der Laufvariablen um 1, verzweigt zurück zur Anweisung 1 und prüft, ob der neue Wert der Laufvariablen noch innerhalb der Grenzen von 1 bis 15 (jeweils einschließlich) liegt. In diesem Falle wird die Schleife erneut durchlaufen, in Zeile 3 wird der Wert der Laufvariablen um 1 erhöht usw. Erst wenn der Computer in Zeile 1 feststellt, daß der aktuelle Wert der Laufvariablen außerhalb des Intervalls von 1 bis 15 liegt, wird die Schleife nicht mehr durchlaufen; der Computer setzt jetzt die Abarbeitung des Programmes mit Zeile 4 fort.
Nach Abarbeitung einer Zählschleife liegt der Wert der Laufvariablen also stets außerhalb der im Schleifenkopf angegebenen Grenzen.

Die Schrittweite, mit der der Computer die Laufvariable verändert, ist bestimmbar. Fehlt eine Festlegung (wie oben), so wird die Schrittweite +1 angenommen.

Soll der Computer z.B. die Laufvariable von 10 bis -9 rückwärts mit der Schrittweite -0,3 herunterzählen, so müßte die Zeile 1 des Beispieles wie folgt geändert werden:

```
1  FOR lv = 10 TO -9 STEP -0.3
```

Ein weiterer Hinweis: Der Wert der Laufvariablen einer derartigen Schleife ist jederzeit abfragbar, aber auch zu beeinflussen.
Fragen Sie den aktuellen Wert ab, so oft Sie wollen - aber manipulieren Sie den Wert nicht! Sie erhalten sonst zu leicht die zu Beginn angesprochenen unbeabsichtigten Endlosschleifen.

In den Fällen b) und c) sind sogenannte Bedingungsschleifen formuliert.
Im Fall b) werden die Anweisungen innerhalb der Schleife solange wiederholt, bis eine im Schleifenende aufgeführte Bedingung (hier "B") erfüllt ist. Die Überprüfung dieser Bedingung geschieht am Schleifenende.

Beispiel:

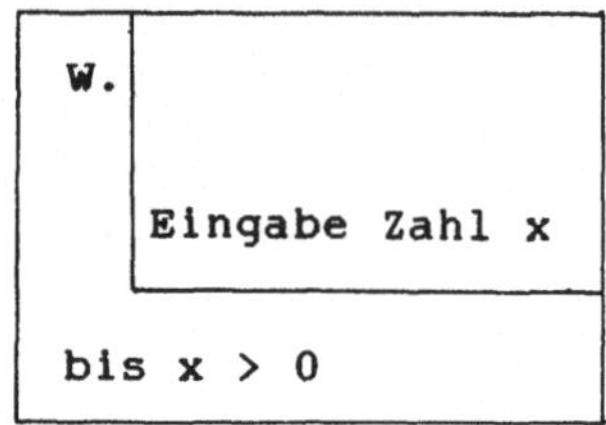


```
1  DO
2    INPUT "Zahl " x
3  LOOP UNTIL x > 0
4  ........
```

Erläuterungen:

Die mit den Zeilen 1 bis 3 aufgebaute Schleife wird auf jeden Fall einmal durchlaufen, da die formulierte Bedingung erst in Zeile 3 geprüft wird. Ist der eingegebene Wert negativ oder gleich Null, wird die Schleife erneut durchlaufen. Erst mit positivem x ist die Bedingung der Zeile 3 erfüllt, Zeile 4 wird abgearbeitet.

In analoger Weise ist auch eine Formulierung :
"Wiederhole .... <u>solange</u> eine Bedingung erfüllt ist" möglich; statt "LOOP ... UNTIL Bedingung" würde die Formulierung in Zeile 3 hier "LOOP ... WHILE Bedingung" lauten.

Im Fall c) werden die Anweisungen innerhalb der Schleife solange wiederholt ausgeführt, wie die im Schleifenkopf formulierte Bedingung erfüllt ist. Geprüft wird die Bedingung im Schleifenkopf.

Beispiel:

```
+-------------------+
| x := 20           |
+-------------------+
| Solange x > 10    |
|   +---------------+
|   | x := x - 2    |
| W.|               |
+---+---------------+
```

```
1  x = 20
2  DO WHILE x > 10
3    x = x - 2
4  LOOP
5  ......
```

Entsprechend dem Hinweis im Fall b) kann auch hier "DO WHILE" durch "DO UNTIL" ersetzt werden, wenn bis zum Eintritt einer bestimmten Bedingung wiederholt werden soll und die Prüfung im Schleifenkopf zu erfolgen hat.
In beiden Fällen kann "LOOP" durch "WEND" ersetzt werden; das "DO" vor "WHILE" kann fehlen.

Erläuterungen:

Da die Prüfung der Bedingung im Kopf der Schleife stattfindet, muß vor Eintritt in die Schleife ein Wert für x existieren; hier in Zeile 1 willkürlich festgelegt. Solange x noch größer 10 ist, wird x in Zeile 3 um 2 verringert, aus Zeile 4 wird zur Zeile 2 verzweigt, geprüft, ob x immer noch größer 10 ist und die Schleife solange abgearbeitet, wie die im Schleifenkopf formulierte Bedingung erfüllt ist. Erst wenn der aktuelle Wert der Variablen x die Bedingung im Schleifenkopf nicht mehr erfüllt, wird das Programm ab Zeile 5 fortgesetzt.
Diese Schleife kann auch null-mal durchlaufen werden; dies ist der Fall, wenn bereits bei der ersten Prüfung in Zeile 2 die Bedingung nicht erfüllt ist. Berücksichtigen Sie, daß Turbo BASIC nicht definierte Variable stets auf Null bzw. "" (Nullstring) setzt und stellen Sie sich vor, die Variable x würde in der Schleifenkonstruktion zum ersten Mal auftauchen!

Nach SEQUENZ und AUSWAHL haben wir nun mit der WIEDERHOLUNG das dritte Element kennengelernt, das zur Strukturierung eines Programmblockes benötigt wird.

Die dargestellten Elemente genügen, um wohlstrukturierte Programme zu schreiben, da jede der Anweisungen innerhalb der oben allgemein dargestellten Elemente ihrerseits wieder aus einer Sequenz, einer Auswahl oder einer Wiederholungsschleife bestehen kann, deren Anweisungen ihrerseits wiederum aus Wiederholung, Sequenz oder Auswahl bestehen können, wobei jede der hierbei vorhandenen Anweisungen wiederum aus Auswahl, Wiederholung oder Sequenz bestehen kann, wobei deren Einzelanweisungen ihrerseits ... usw. Diese Elemente lassen sich also unterteilen und schachteln, ohne daß die Grundstruktur des Gesamtprogramms dadurch verändert bzw. unübersichtlich würde.

2.2.2 Erweiterungen

Turbo BASIC bietet zusätzliche Baugruppen, die zu einer weiteren Erhöhung der übersichtlichkeit beitragen.

F A L L U N T E R S C H E I D U N G E N

Angenommen, ein Programmblock soll in 4 Parallelpfade mit den Anweisungen A1 bis A4 aufgespalten werden. Dabei soll sich die Auswahl des zu durchlaufenden Pfades danach richten, welche Werte eine Variable x angenommen hat. Eine derartige Unterteilung in 4 Fälle ließe sich mit drei geschachtelten zweiseitigen Auswahlstrukturen realisieren. Soll eine evtl. Fehleingabe abgefangen werden, müßte man sogar 4 Elemente schachteln.

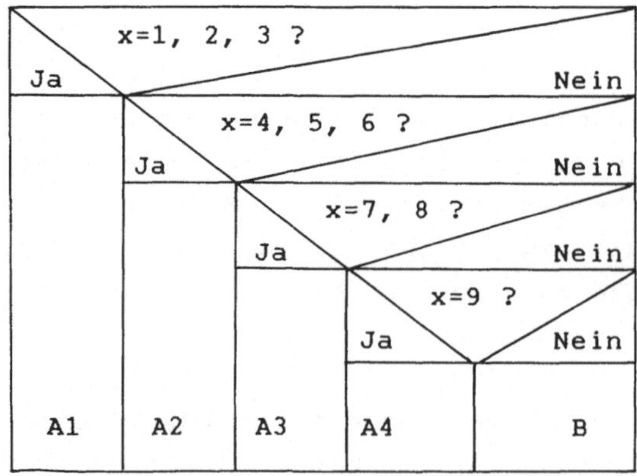

Da bei jeder der geschachtelten Abfragen der gleiche Wert (x) überprüft wird, läßt sich die Gesamtstruktur übersichtlicher durch das Symbol der Fallunterscheidung darstellen:

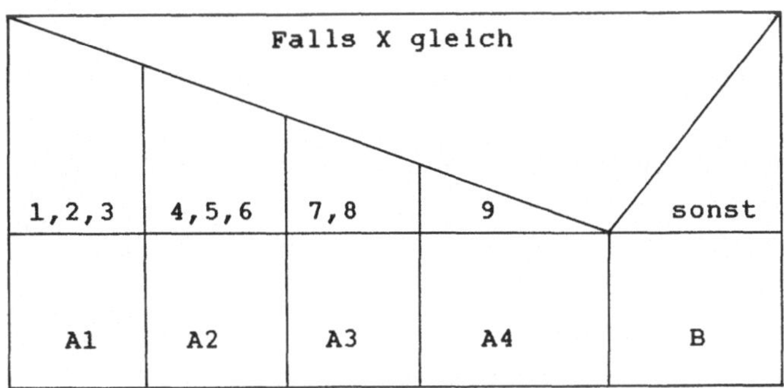

Diese Fallunterscheidung läßt sich wie folgt codieren:

```
INPUT "Zahl zwischen 1 und 9 einschließlich " zahl
SELECT CASE zahl
CASE 1, 2, 3
  PRINT "1, 2 oder 3"
CASE 4, 5, 6
  PRINT "4, 5 oder 6"
CASE 7, 8
  PRINT "7 oder 8"
CASE 9
  PRINT "Neun"
CASE ELSE
  PRINT "Fehleingabe oder keine ganze Zahl"
END SELECT
```

Erläuterungen:

Nach Eingabe einer Zahl wird der Reihenfolge der Zeilen entsprechend geprüft, ob der eingegebene Wert in einer der nach CASE aufgeführten Listen enthalten ist. Ist dies der Fall, so werden die auf das betreffende CASE folgenden Anweisungen ausgeführt; weitere CASE-Listen werden dann nicht mehr berücksichtigt. Ist der eingegebene Wert in keiner der aufgeführten Listen enthalten, werden die nach CASE ELSE aufgeführten Anweisungen ausgeführt.

Mit der SELECT-CASE - Anweisung lassen sich vielfältige Vergleiche bzw. Prüfungen durchführen. Schließlich möchte man ja auch Bedingungen wie:

"Die eingegebene Zahl liegt im Bereich von -4 bis 16,5"
oder
"Die ersten drei eingegebenen Buchstaben lauten 'ABC'"
oder auch
"Die eingegebene Zahl ist nicht ganzzahlig"

berücksichtigen können. Dabei sind jedoch Einschränkungen zu beachten:
Die nach SELECT CASE aufgeführte Variable und die nach CASE aufgeführten Listen bzw. Bedingungen müssen vom Typ her übereinstimmen, also nur numerische Ausdrücke oder Zeichenketten umfassen; eine Mischung innerhalb einer SELECT-CASE - Struktur ist nicht möglich.

Weiterhin sind z.B. bei SELECT-CASE - Strukturen mit Zeichenketten logische Operatoren wie AND, OR, NOT nicht erlaubt. Außerdem müssen nicht erfaßte Fälle mittels CASE ELSE abgefangen werden, da andernfalls die Eingabe einer nicht erfaßten Möglichkeit einen Laufzeitfehler bewirken würde.

Die beiden nachfolgenden etwas ausführlicheren SELECT-CASE-Demonstrationsprogramme sollen einige der zur Verfügung stehenden Möglichkeiten aufzeigen. Sollten Sie jedoch ein Problem haben, das mittels SELECT CASE nicht zu lösen ist, keine Sorge, Turbo BASIC hilft Ihnen auch hier weiter.

Mit der Befehlsfolge IF ... ELSEIF ... ELSEIF ... ELSEIF ... ELSE ... END IF stellt es Ihnen eine übersichtliche Form der ja stets möglichen Schachtelung von zweiseitigen Auswahlstrukturen zur Verfügung, siehe drittes Demoprogramm zur Mehrfachauswahl.

Die drei Programme erklären sich weitgehend selbst, kurze Erläuterungen der verwendeten Funktionen sind angefügt. Genauer wird die Arbeitsweise der Funktionen im Kapitel 3.5 erläutert.

SELECT CASE - DEMO-Programm 1 :

```
x = 12 : y = 900 : z = 120.123

INPUT "Zahl zwischen 1 und 9 einschließlich " zahl
SELECT CASE zahl
CASE 112, 18
  PRINT "Sie haben die Zahl 112 oder die 18 eingegeben"
CASE -4 TO 9.5
  PRINT "Die Zahl liegt im Intervall von -4 bis 9,5"
CASE  < -6
  PRINT "Die Zahl ist kleiner als -6"
CASE  x, z
  PRINT "Die Zahl ist gleich dem Wert der Variablen x oder z"
CASE  6 TO 1.9*x
  PRINT "Zwischen 6 und dem 1.9-fachen der Variablen x"
CASE <> FIX(zahl)
  PRINT "Die eingegebene Zahl ist nicht ganzzahlig"
CASE SQR(y)
  PRINT "Die Zahl ist gleich der Quadratwurzel aus y"
CASE ELSE
  PRINT "Nicht erfasster Fall"
END SELECT
```

SELECT CASE - DEMO-Programm 2:

```
a$ = "A" : b$ = "b"
vorname$ = "Walter" : antwort$ = "Ja"

INPUT "Zeichenkette " wort$
SELECT CASE wort$
CASE "1", "Auto"
  PRINT "Eingabe gleich '1' oder 'Auto'"
CASE vorname$ , antwort$ , a$, b$
  PRINT "Das eingegebene Wort ist gleich dem Inhalt der"_
        "Variablen vorname$ oder antwort$ oder a$ oder b$"
CASE "A" TO "E"
  PRINT "Der erste Buchstabe des eingegebenen Wortes"_
        "ist ein Grossbuchstabe zwischen A und E"
CASE "m" TO "z"
  PRINT "Der erste Buchstabe des eingegebenen Wortes"_
        "ist ein Kleinbuchstabe zwischen m und z"
CASE MID$(vorname$,3,1)
  PRINT "Der eingegebene Buchstabe ist gleich dem"_
        "dritten Symbol von links des Strings vorname$."_
        "Stringoperationen sind möglich"
CASE ""
  PRINT "Sie haben lediglich die Return-Taste gedrückt"
CASE ELSE
  PRINT "Nicht erfasster Fall"
END SELECT
```

Mehrfachauswahl - DEMO - Programm 3:

```
zeichenkette$ = "ABCD" : zahl = 15

INPUT "Eingabe " antwort$
IF antwort$ = "J" THEN
  PRINT "Sie haben ein 'J' eingegeben"
ELSEIF antwort$ = zeichenkette$ OR VAL(antwort$) = zahl THEN
  PRINT "Sie haben die Zeichenkette 'ABCD' oder "_
        "eine mit '15' beginnende Zeichenkette eingegeben"
ELSEIF LEFT$(antwort$,3) = "Nie" THEN
  PRINT "Sie haben ein Wort, das mit 'Nie' beginnt, eingegeben"
ELSE
  PRINT "Nicht erfasster Fall"
END IF
```

Kurzerläuterung der verwendeten Funktionen:

FIX(zahl):	Die Funktion FIX schneidet die Nachkommastellen ab. Eine Zahl ist daher nur dann ungleich FIX(zahl), wenn sie Nachkommastellen besitzt.
SQR(zahl):	bildet die Quadratwurzel.
MID$(vorname$, 3, 1):	kopiert aus der unter "vorname$" gespeicherten Zeichenkette ab Stelle 3 eine Zeichenkette der Länge 1 heraus.
VAL(antwort$):	sucht von links beginnend in der unter "antwort$" gespeicherten Zeichenkette Symbole, die Ziffern darstellen, und wandelt diese in den entsprechenden numerischen Wert um.

U N T E R P R O G R A M M E

Eine zusätzliche Strukturierungsmöglichkeit besteht darin, mehrfach nutzbare Unterprogramme formulieren zu können. Angenommen, Sie wollten folgendes Programm formulieren:

Die Zeilen des Kinderverses "Drei Chinesen mit dem Kontrabaß..." sind als Daten im Programm festzulegen. Anschließend sind diese Verszeilen zu lesen und sämtliche Vokale der gelesenen Zeilen sind nacheinander durch den Vokal "a", "e", "i", "o" und "u" zu ersetzen. Nach jedem Tauschvorgang sind sämtliche Zeilen auszudrucken.

Ihr Struktogramm könnte wie folgt aussehen:

Ohne Unterprogramm

Verszeilen festlegen
Ersatzvokal := "a"
Verszeilen lesen
Vokale ersetzen
Verszeilen drucken
Ersatzvokal := "e"
Verszeilen lesen
Vokale ersetzen
Verszeilen drucken
Ersatzvokal := "i"
Verszeilen lesen
Vokale ersetzen
Verszeilen drucken
Ersatzvokal := "o"
Verszeilen lesen
Vokale ersetzen
Verszeilen drucken
Ersatzvokal := "u"
Verszeilen lesen
Vokale ersetzen
Verszeilen drucken

Mit Unterprogramm

Verszeilen festlegen
Ersatzvokal := "a"
Zeilen lesen, ändern, drucken
Ersatzvokal := "e"
Zeilen lesen, ändern, drucken
Ersatzvokal := "i"
Zeilen lesen, ändern, drucken
Ersatzvokal := "o"
Zeilen lesen, ändern, drucken
Ersatzvokal := "u"
Zeilen lesen, ändern, drucken

UNTERPROGRAMM:
Verszeilen lesen
Vokale ersetzen
Verszeilen drucken
ENDE UNTERPROGRAMM

Schon bei diesem einfachen Beispiel wird deutlich, daß durch die Formulierung eines Unterprogrammes die Übersichtlichkeit des Gesamtprogramms erhöht wird. Weiterhin spart man Schreibaufwand, da das Unterprogramm beliebig oft aufgerufen werden kann.

Falls gewünscht, kann jede der drei Anweisungen im oben dargestellten Unterprogramm ihrerseits als eigenständiges Unterprogramm formuliert werden, so daß man schrittweise von der Formulierung in groben Blöcken bis hin zur Darstellung in Einzelbefehlen mit Hilfe von Unterprogrammformulierungen vorgehen könnte.

Mit der bisher dargestellten Unterprogrammnutzung ist für den Benutzer herkömmlicher BASIC-Versionen noch nichts revolutionäres gesagt worden - die oben beschriebene Technik läßt sich im Interpreter-BASIC bequem mittels GOSUB und RETURN realisieren.
Die dabei auftretenden Probleme sind jedoch ebenfalls bekannt: Ungewollte Überschreibung von Variablen des Hauptprogrammes z.B. durch fehlerhafte Wahl von Schleifenvariablen des Unterprogrammes, "Hineinlaufen" in das Unterprogramm, wenn vergessen wurde, das Hauptprogramm mit END abzuschließen, etc.
Da Turbo BASIC aufwärtskompatibel zu BASICA und GWBASIC ist, muß Turbo BASIC den Aufruf von Unterprogrammen mittels GOSUB und RETURN unterstützen.
Als Turbo-BASIC-Anwender sollten Sie jedoch GOSUB ... RETURN so schnell als möglich vergessen; die Unterprogrammkonstruktionen von Turbo BASIC bieten Ihnen von der Möglichkeit, zwischen lokalen und globalen Variablen zu unterscheiden, über den Unterprogrammaufruf mit Parametern bis hin zu rekursiven Aufrufen bei Prozeduren und selbstdefinierten Funktionen Möglichkeiten, die weit über die bisher angesprochenen Punkte der Einsparung bzw. Erhöhung der Übersichtlichkeit des Gesamtprogrammes hinausgehen.

Aus diesem Grunde werden in diesem Band GOSUB ... RETURN - Konstruktionen, deren Formulierung mit denen des herkömmlichen BASIC identisch ist, bei der Unterprogrammdarstellung nicht berücksichtigt.
Weiterhin wird der Befehl GOTO, der als unbedingter Sprung sowohl zu einer Zeilennummer als auch zu einer Sprungmarke formuliert werden kann, hier nur sehr selten verwendet und dann nur in der Form "GOTO sprungmarke" - vgl. etwa Beispiel 34.

Zusammenfassung:

Die bisher dargestellten Struktogrammelemente sollen noch einmal zusammengefaßt und mit den zugehörigen Turbo-BASIC-Wörtern dargestellt werden.

Die Symbole A. und B. sollen für Anweisungen innerhalb eines Strukturelementes stehen, a. und b. sollen die entsprechenden Programmformulierungen darstellen.

Struktogrammelemente	Turbo-BASIC-Darstellung

S E Q U E N Z

Anweisung 1
Anweisung 2
. . .
Anweisung n

```
a1
a2
.
.
.
an
```

A U S W A H L

Bedingung: JA	Nein
A1 A2	A7 A8

```
IF bedingung THEN
        a1
        a2
ELSE
        a7
        a8
END IF
```

M E H R F A C H A U S W A H L

(SELECT CASE ... CASE ... CASE ... CASE ELSE ... END SELECT)

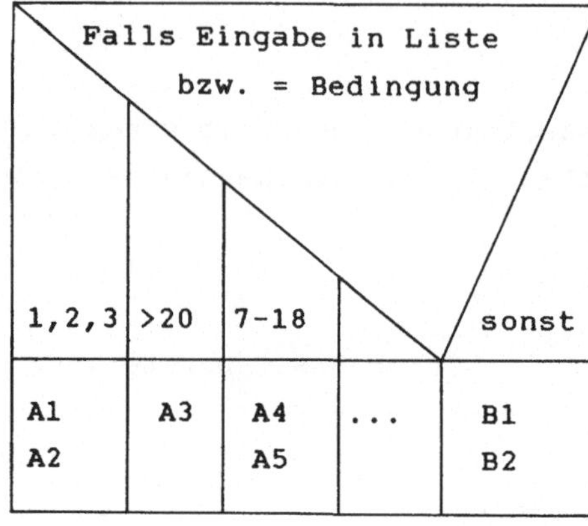


```
SELECT CASE eingabe

CASE 1, 2, 3
          a1
          a2
CASE > 20
          a3
CASE 7 TO 18
          a4
          a5
........
CASE ELSE
          b1
          b2
END SELECT
```

(IF ... ELSEIF ... ELSEIF ... ELSEIF ... ELSE ... END IF)

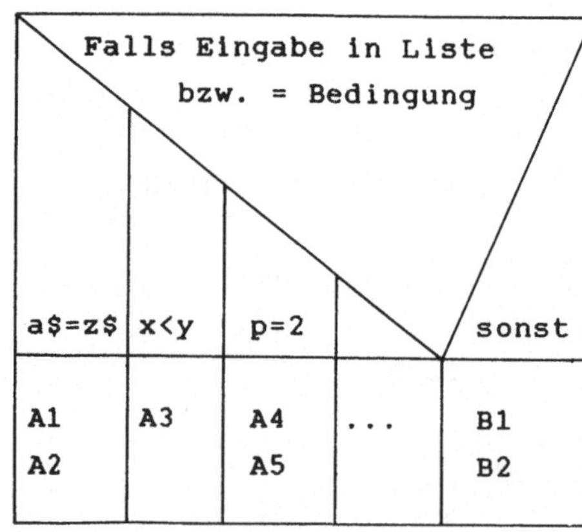


```
IF a$ = z$ THEN

            a1
            a2

ELSEIF x < y THEN
            a3
ELSEIF p = 2 THEN
            a4
            a5
   .........
ELSE
            b1
            b2
END IF
```

W I E D E R H O L U N G

Struktogramm	BASIC
Für Index von 1 bis 10	FOR index = 1 TO 10
A1	a1
.	.
An	an
Wiederhole	NEXT lv (lv kann entfallen)

Struktogramm	BASIC
W.	DO
A1	a1
.	.
An	an
bis/solange Bedingung erfüllt	LOOP UNTIL/WHILE bedingung

Struktogramm	BASIC
Solange/bis Bedingung erfüllt	DO WHILE/UNTIL bedingung
A1	a1
.	.
.	.
An	an
W.	LOOP

(Dritte Schleife: Alternativ für "LOOP": "WEND"; "DO" kann fehlen)

U N T E R P R O G R A M M

Struktogramm	BASIC
A1	a1
Unterprogramm1 ( )	CALL unterprogramm1 ( )
A3	a3

Struktogramm	BASIC
Unterprogramm1 ( )	SUB unterprogramm1 ( )
Ak	ak
A1	a1
.	.
Ao	ao
Ende Unterprogramm 1	END SUB

Struktogrammelemente und Turbo-BASIC-Formulierungen entsprechen einander vollständig. Damit liegt mit der Erstellung eines Struktogrammes inhaltlich bereits ein Turbo-BASIC-Programm vor; die Codierung besteht in einer reinen Übertragung und erfordert (abgesehen z.B. von der Dimensionierung von Feldern und der Deklaration von Variablen) keine zusätzlichen Überlegungen.

2.3 Methode der schrittweisen Verfeinerung

Die Technik dieser Methode besteht, wie bereits angedeutet, darin, ein Problem zunächst in groben Blöcken zu durchdenken und zu formulieren und anschließend Block für Block weiter zu untergliedern; diese Vorgehensweise soll an einem einfachen Beispiel näher erläutert werden.

Angenommen, Sie wollen ein Programm für ein einfaches Nim-Spiel mit nur einem Haufen Streichhölzer schreiben. Von diesem Streichholzhaufen dürfen zwischen einem und sechs Hölzchen weggenommen werden; gewonnen hat, wer das letzte Hölzchen nehmen kann.
Gespielt wird gegen den Computer, der Spieler darf die Ausgangsmenge an Hölzchen bestimmen und hat den ersten Zug. Der Gewinner soll am Spielende angesprochen werden.

Zunächst schreiben Sie die Vorgänge, die den Ablauf des Spieles bilden, ganz allgemein auf.

Es wird unmittelbar einleuchten, daß
- zunächst eine Spielerläuterung auszugeben und
- anschließend der Anfangsbestand an Hölzchen festzulegen ist.
- Daraufhin kann der Spieler eine Anzahl von 1 bis 6 Hölzchen aufnehmen, und
- sofern noch Hölzchen vorhanden sind, kann nun der Computer zwischen 1 und 6 Hölzchen aufnehmen.
  Die beiden letzten Vorgänge sind zu wiederholen, bis der Bestand Null erreicht ist.
- Anschließend ist der Gewinner anzusprechen.

In ein Struktogramm übertragen, sehen diese Überlegungen wie folgt aus:

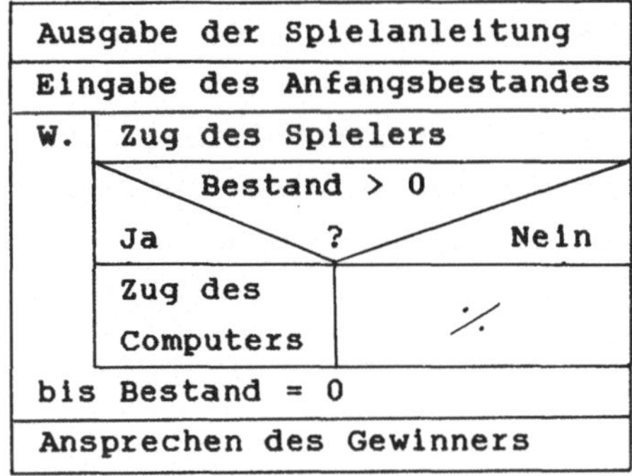

1.
2.
3.
4.
5.

Nunmehr gehen Sie die mit 1. bis 5. bezeichneten einzelnen Aktivitäten der Reihe nach durch und überlegen, welche Teilvorgänge im Rahmen einer Einzelaktivität durchzuführen sind und welche unerwünschten Vorgänge evtl. abgefangen werden müssen. Für jede Einzelaktivität soll dabei ein eigenes Struktogramm erstellt werden.

Die Ausgabe der Spielanleitung (Teil 1) soll hier aus Platzgründen nicht untersucht werden; im einfachsten Fall genügt eine Folge von Druckanweisungen.

Bei der Eingabe des Anfangsbestandes (Teil 2) durch den Spieler ist jedoch darauf zu achten, daß dieser Bestand nicht kleiner als 7 ist, da der Spieler sonst mit seinem ersten Zug gewinnen würde.

Solange also der vom Spieler eingegebene Anfangsbestand unter 7 liegt, ist der Spieler unter Ausgabe eines entsprechenden Kommentars wiederholt aufzufordern, erneut einen Anfangsbestand einzugeben.
Ein entsprechendes Struktogramm könnte wie folgt aussehen:

Eingabe Bestand	
Solange Bestand < 7	
	Drucke Kommentar
W.	Eingabe Bestand

Beim Zug des Spielers (Teil 3) ist zu berücksichtigen, daß
- der Spieler nur zwischen 1 und 6 Hölzchen nehmen darf,

- der bisherige Bestand um den Zug des Spielers zu verringern und der neue Bestand anzuzeigen ist,
- der Spieler als Gewinner festzuhalten ist, falls der Bestand durch seinen Zug auf Null verringert wurde.

Der erste der hier zu beachtenden Punkte hat die gleiche Struktur wie der oben behandelte Teil 2 - wir brauchen daher lediglich das Struktogramm aus Teil 2 um die Verringerung des Bestandes und die Festlegung des Spielers als Gewinner zu ergänzen, falls der Bestand auf Null gesunken ist.

Damit erhalten wir folgendes Struktogramm für diesen Teil 3:

```
Eingabe Spielerzug
Solange Spielerzug < 1 oder Spielerzug > 6
   | Ausgabe Kommentar
W. | Eingabe Spielerzug
Bestand := Bestand - Spielerzug
Ausgabe Bestand
                 Bestand = 0
Ja                    ?                 Nein
Gewinner = "Spieler"  |  %
```

Der Teil 4: "Zug des Computers" erfordert weitergehende Überlegungen. Der Spieler kann selbst denken, für den Computer müssen wir eine Gewinnstrategie formulieren.
Der Spieler kann zwischen 1 und 6 Hölzchen nehmen; er hat also bereits gewonnen, wenn maximal 6 Hölzchen vor ihm liegen, da er diese vollständig aufnehmen kann.
Bei einem Bestand von 7 Hölzchen unmittelbar <u>vor</u> einem Zug des Spielers gewinnt jedoch der Computer, da nach dem Zug des Spielers (1 bis 6 Hölzchen) nur noch 6 bis 1 Hölzchen vor dem Computer liegen, die dieser vollständig aufnehmen kann.
Die Strategie für den Computer besteht also darin, soviel Hölzchen zu nehmen, daß <u>nach seinem Zug</u> vor dem Spieler 7 Hölzchen liegen.
Auch bei Vielfachen von 7 Hölzchen vor dem Spieler gewinnt der Computer, da er z.B. beim Bestand von 14 Hölzchen vor dem Spieler nach dessen Zug (1 bis 6 Hölzchen) den Bestand durch seinen eigenen Zug auf 7 Hölzchen verringern und sich damit in eine Gewinnsituation bringen kann.

Zusammengefaßt: Ist der Computer am Zuge, so ist

- zu prüfen, ob der aktuelle Bestand ganzzahlig durch 7 teilbar ist; ist dies der Fall, so kann der Computer keine Gewinnsituation erreichen und muß eine zufällige Anzahl zwischen 1 und 6 Hölzchen nehmen.
  Andernfalls ist vom Computer die Differenz zur nächstniedrigen ganzzahlig durch 7 teilbaren Zahl an Hölzchen aufzunehmen.
- Anschließend ist der Bestand um den Zug des Computers zu verringern und der neue Bestand auszugeben;
- falls der Bestand auf Null gesunken ist, muß der Computer als Gewinner festgehalten werden.

In der Struktogrammdarstellung ergibt sich daher:

Bestand = Vielfaches von 7 ?	
Ja	Nein
Computerzug := Zufallszahl von 1 bis 6	Computerzug := Differenz zur durch 7 teilbaren Zahl
Bestand um Computerzug verringern	
Ausgabe Bestand	
Bestand = 0 ?	
Ja	Nein
Gewinner = "Computer"	./.

Bleibt Teil 5: Ansprechen des Gewinners.
Hier gibt es nur zwei Fälle:
Falls unter "Gewinner" der Computer festgehalten wurde, soll der Kommentar "Bedauere, aber ich habe gewonnen" ausgedruckt werden; andernfalls ist zu gratulieren: "Gut, Sie haben gewonnen!".

Als Struktogramm:

Gewinner = "Computer" ?	
Ja	Nein
Drucke "Bedauere, ich habe gewonnen"	Drucke "Gut, Sie haben gewonnen!"

Damit ergibt sich folgende Gesamtdarstellung:

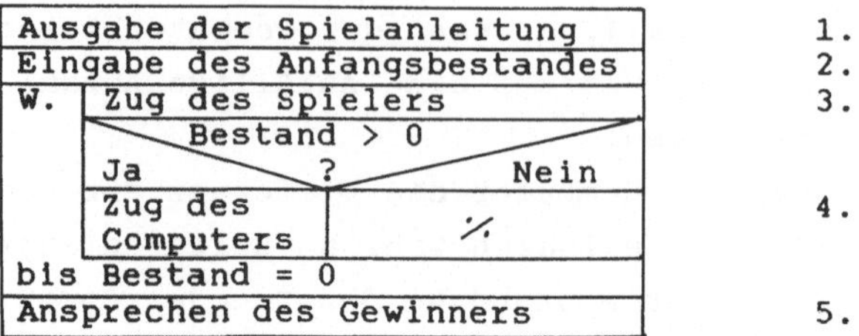

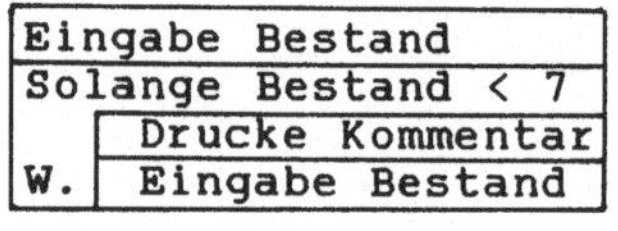

2.

Eingabe Spielerzug
Solange Spielerzug < 1 oder Spielerzug > 6
W. Ausgabe Kommentar
Eingabe Spielerzug
Bestand := Bestand - Spielerzug
Ausgabe Bestand
Bestand = 0
Ja ? Nein
Gewinner = "Spieler" | %

3.

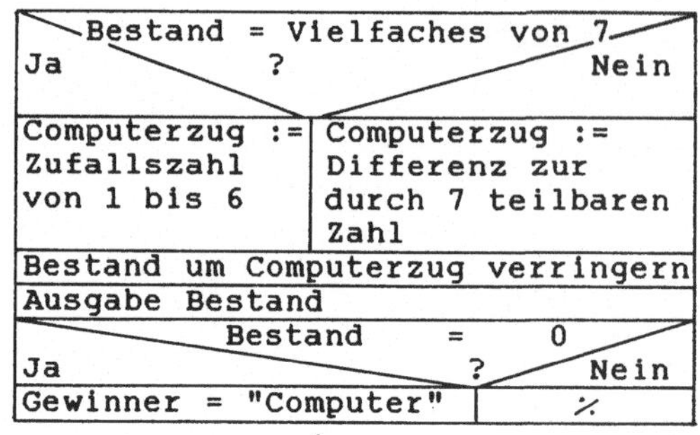

4.

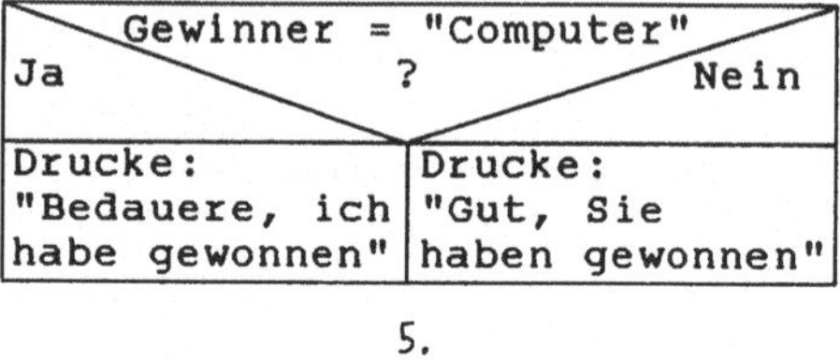

5.

Mit Hilfe der Darstellung der Elemente des vorangegangenen Kapitels 2.2 können Sie diese Struktogramme jetzt in der Sprache Turbo BASIC codieren, wenn Sie zusätzlich berücksichtigen, daß Sie mit Hilfe des Operators MOD (vgl. Teil 3.6) die ganzzahlige Teilbarkeit einer Zahl leicht prüfen können, da z.B. "zahl MOD 7" den ganzzahligen Rest der Division einer Zahl durch 7 ermittelt.

Eine Zahl ist daher ganzzahlig durch 7 teilbar, wenn "zahl MOD 7" gleich Null ist; allgemein gibt "zahl MOD 7" die Differenz zur nächstniedrigen ganzzahlig durch 7 teilbaren Zahl an.

Weiterhin ist zu berücksichtigen, daß bei Turbo BASIC die Variablen der hier verwendeten Unterprogramme stets "lokalen" Charakter haben, ihre Werte daher außerhalb der Unterprogramme unbekannt sind.
Da das Hauptprogramm aber stets über den aktuellen Bestand an Hölzchen und auch über den Gewinner informiert sein muß, müssen Sie z.B. mittels "SHARED bestand" in den betreffenden Unterprogrammen festlegen, daß "bestand" eine Variable ist, in deren Nutzung sich Hauptprogramm und Unterprogramm teilen, vgl. hierzu Teile 4.2ff.

Eine mögliche Umsetzung der oben aufgeführten Struktogramme in die Sprache Turbo BASIC sei hier zum Abschluß aufgelistet - berücksichtigt wurden dabei bereits die der besseren Lesbarkeit dienenden Überlegungen des folgenden Abschnittes 2.4 .

```
PRINT "Spielanleitung"              H A U P T P R O G R A M M
CALL eingabebestand
DO
  CALL zugdesspielers
  IF bestand > 0 THEN
    CALL zugdescomputers
  END IF
LOOP UNTIL bestand = 0
CALL nennungdesgewinners

SUB eingabebestand                  U N T E R P R O G R A M M E
  SHARED bestand
  INPUT "Anfangsbestand" bestand              TEIL 2
  WHILE bestand < 7
    PRINT "Bitte mehr Hölzchen"
    INPUT "Anfangsbestand" bestand
  LOOP
END SUB

SUB zugdesspielers
  SHARED bestand, gewinner$                   TEIL 3
  INPUT "Ihr Zug" zug
  WHILE zug < 1 OR zug > 6
    PRINT "Bitte nicht mogeln"
    INPUT "Ihr Zug " zug
  LOOP
  bestand = bestand - zug
  PRINT "Bestand = " bestand
  IF bestand = 0 THEN
    gewinner$ = "Spieler"
  END IF
END SUB
```

```
SUB zugdescomputers
  SHARED bestand, gewinner$                        TEIL 4
  IF bestand MOD 7 = 0 THEN
    zug = INT(1 + rnd*6)
  ELSE
    zug = bestand MOD 7
  END IF
  PRINT "Ich nehme " zug
  bestand = bestand - zug
  PRINT "Bestand = " bestand
  IF bestand = 0 THEN
    gewinner$ = "Computer"
  END IF
END SUB
SUB nennungdesgewinners
  SHARED gewinner$                                 TEIL 5
  IF gewinner$ = "Computer" THEN
    PRINT "Bedauere, aber ich habe gewonnen"
  ELSE
    PRINT "Gut, Sie haben gewonnen !"
  END IF
END SUB
```

Da bei diesen Techniken der schrittweisen Verfeinerung die übersichtliche und leicht überprüfbare Struktur des einfachen Ausgangsstruktogramms erhalten bleibt und sie sich bei den Verfeinerungen stets nur auf ein Teilproblem konzentrieren müssen, werden Sie auch umfangreichere und aufwendigere Programme leicht fehlerfrei erstellen können.

2.4 Vom Struktogramm zum lauffähigen Turbo-BASIC-Programm

Ein Problem ist gelöst, wenn ein einwandfreies Struktogramm erstellt wurde. Haben Sie dieses Struktogramm soweit verfeinert, daß jede Struktogrammanweisung unmittelbar durch einen Turbo-BASIC-Befehl ausgedrückt werden kann, so liegt im Prinzip bereits ein lauffähiges Programm vor, das nun codiert werden kann.

1) Codierung eines Struktogrammes in der Sprache Turbo BASIC

Nach Fertigstellung des Struktogramms laden Sie Turbo BASIC. Aus dem auf dem Schirm erscheinenden Hauptmenü wählen Sie entweder mittels Cursortasten und Druck auf die Return-Taste oder durch Eingabe des Buchstabens "O" das Untermenü "Options" an. Ebenfalls über die Cursor-Tasten oder durch Eingabe der betreffenden Anfangsbuchstaben wählen Sie die Punkte "Keyboard break", "Bounds", "Overflow" und "Stack test" an und schalten sie sämtlich auf "ON".

(Bei der Wahl über die Anfangsbuchstaben bewirkt bereits die Eingabe des Buchstabens ein Umschalten, bei der Wahl über die Cursorsteuerung müssen Sie zusätzlich durch Druck auf die Return-Taste umschalten).

Jetzt haben Sie sichergestellt, daß beim Testlauf Ihres künftigen Programmes die Möglichkeit existiert, das Programm bei Eingabe- und Ausgabeanweisungen mittels Ctrl- + Break-Taste zu unterbrechen, daß das System einen Fehler meldet, wenn Feldelemente außerhalb der gewählten Dimensionierungen angesprochen werden, daß Sie ebenfalls eine Fehlermeldung erhalten, wenn der zulässige Bereich für Integervariable (-32768 bis +32767) überschritten wird, und schließlich, daß Sie eine Fehlermeldung über Stack - Datenbereichs-Kollisionen erhalten. Sie sollten diese Schalterstellungen während des Tests wählen, um "unerwartete" Ergebnisse oder ein Aufhängen des Systems zu vermeiden. Nach Austesten eines Programmes können Sie die Standardvorgabe der Schalter belassen.

Durch Druck auf "Esc" gelangen Sie ins Hauptmenü zurück und wählen nun den Teil "Setup" an und hier den Punkt "Miscellaneous". Hinsichtlich der jetzt angebotenen Möglichkeiten "Auto save edit" und "Backup source files" schlage ich vor, beide "OFF" zu wählen, (Backup müssen Sie hierfür umschalten), da man zusammen mit der noch zu beschreibenden Möglichkeit "Write to" des Menüs "Files" sehr gut kommentierte Möglichkeiten hat, Programme mit frei zu wählenden Namen abzuspeichern und gezielt gleichnamige Programme zu überschreiben oder neue Namen zu vergeben.

Das hier beschriebene Vorgehen kann nur ein Vorschlag sein; nach wenigen Programmen werden Sie mit Hilfe der durch Anwahl der Menüpunkte und Druck auf Taste F1 erhaltenen Zusatzinformationen Ihre eigene "Idealkombination" herausgefunden haben.

Durch (mehrfachen) Druck auf "Esc" gelangen Sie ins Hauptmenü zurück und wählen nun z.B. mittels "E" den Editor an. Durch Druck auf die Funktionstaste F5 sollten Sie das Editierfenster auf Bildschirmgröße bringen.

In der Kopfzeile ist jetzt Ihr aktuelles Laufwerk angegeben, weiterhin, daß Ihr (noch einzugebendes) Programm unter dem Namen NONAME verwaltet wird, in welcher Zeile bzw. Spalte des Programms Sie sich befinden, daß Sie sich im Modus Einfügen (Insert) befinden, daß die automatische Tabulatorfunktion eingeschaltet ist (Indent) und daß ein Druck auf die Tabulator-Taste den Cursur in 8er-Sprüngen über den Schirm eilen läßt (Tab) .

Ändern Sie hieran zunächst nichts; später können Sie mit Hilfe der über die Funktionstaste F1 abrufbaren Zusatzinformationen die für Sie oder Ihr Programm günstigste Möglichkeit ermitteln.
Nun können Sie mit der Umsetzung des Struktogrammes beginnen. Hierfür durchlaufen Sie Ihr Struktogramm von oben nach unten und formulieren jede Anweisung mit Turbo-BASIC-Wörtern. Nach jeder Einzelanweisung drücken Sie die Return-Taste - auf diese Weise erhält jede Anweisung eine eigene Zeile. Das ist keinesfalls erforderlich, erhöht jedoch die Übersichtlichkeit und vereinfacht evtl. notwendige Programmkorrekturen.
Innerhalb der einzelnen Zeilen schreiben Sie bitte so, wie Sie einen normalen Text schreiben würden, d.h. fügen Sie nach jedem "Wort" eine Leerstelle ein. Dadurch stellen Sie sicher, daß jedes Schlüsselwort korrekt erkannt wird. Weiterhin erhöht dies die Lesbarkeit der Programme, ohne die Ausführungszeit zu erhöhen. Am Zeilenende drücken Sie Return und gelangen in eine neue Zeile mit der gleichen Anfangsposition der gerade beendeten Zeile.
Stoßen Sie in Ihrem Struktogramm auf Parallelpfade, so arbeiten Sie nacheinander sämtliche Pfade von links beginnend jeweils von oben nach unten ab, bis Sie am rechten Rand des aufgespaltenen Blockes angelangt sind. Anschließend fahren Sie fort, das Struktogramm in Richtung "unten" abzuarbeiten.
Zur Erhöhung der Lesbarkeit schlage ich außerdem vor, geschachtelte Strukturen jeweils 2 Anschläge einzurücken sowie Schlüsselworte in Großbuchstaben und Variablen in Kleinbuchstaben zu schreiben. Programmkommentare sollten ebenfalls wegen der besseren Lesbarkeit und zur Vermeidung von Lesefehlern bei DATA-Zeilen mit REM und nicht mit " ' " eingeleitet werden.
Bei FOR ... NEXT-Schleifen kann die Wiederholung der Laufvariablen beim NEXT entfallen, wenn die Programmzeilen den Strukturelementen entsprechend eingerückt werden, da dann jedem FOR eindeutig ein (senkrecht darunter stehendes) NEXT zugeordnet wird.
Selbst mehrfach geschachtelte Schleifen lassen sich so rasch überblicken und und durch den Verzicht auf die Wiederholung der Variablen entfällt eine (Schreib-)Fehlermöglichkeit.

Die hier beschriebene Vorgehensweise soll an einem inhaltslosen Beispiel näher erläutert werden.

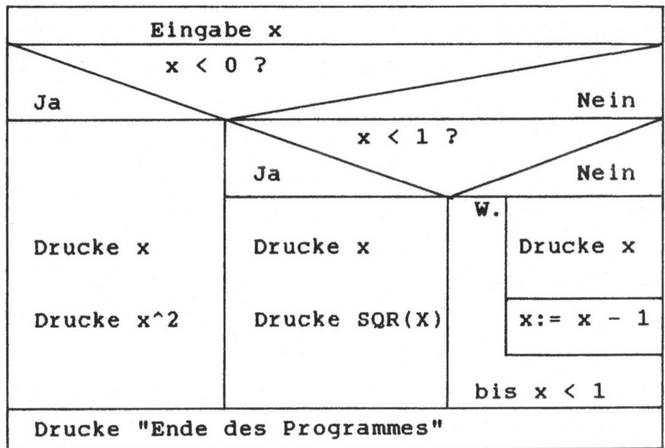

Am Struktogrammkopf beginnend notieren Sie zunächst die Eingabe: INPUT x. Bei der nächsten Zeile stellen Sie fest, daß eine zweiseitige Auswahl vorliegt.
Sie notieren zunächst die Bedingung (IF x < 0 THEN) als eine Zeile, drücken auf Return und befinden sich nun im Struktogramm am linken Rand der zweiseitigen Auswahl. Das THEN kann als linke senkrechte Grenzlinie aufgefaßt werden, die Sie mit dem Schreiben des Wortes THEN und Druck auf Return überschritten haben. Diese "Überschreitung" der Grenzlinie machen Sie deutlich, indem Sie den Cursor zwei Anschläge nach rechts steuern, bevor Sie mit der Notierung der Anweisungen im linken Block beginnen. Nachdem Sie jetzt gewissermaßen von der Trennlinie in die untergeordnete Struktur hineingesprungen sind, arbeiten Sie den Block, in dem Sie sich gerade befinden, von oben nach unten ab - hier notieren Sie die beiden Druckanweisungen. Anschließend wollen Sie sich weiter nach rechts vorarbeiten und stehen erneut vor einer senkrechten Trennlinie. Um diese mit ELSE formulieren zu können, müssen Sie aus dem untergeordneten Block "heraussteigen": Cursor zwei Anschläge nach links, dann ELSE und Druck auf Return, und zum Zeichen, daß Sie nun wieder in eine untergeordnete Struktur hineinspringen, Cursor zwei Anschläge nach rechts.
Jetzt stellen Sie fest, daß Sie sich im Struktogramm erneut in der Kopfzeile einer zweiseitigen Auswahl befinden. Sie formulieren zunächst die Bedingung (IF x < 1 THEN) und führen nach Druck auf Return den Cursor wie oben zwei Anschläge nach rechts, bevor Sie beginnen, den neuen Block abzuarbeiten.

Nach Formulierung der beiden Druckanweisungen stehen Sie erneut vor einer senkrechten Trennlinie, dem ELSE, das Sie wie das erste ELSE formulieren (2 Anschläge nach links, ELSE, 2 Anschläge nach rechts). Sie befinden sich jetzt in der senkrechten Spalte der symbolischen Wiederholungsklammer und notieren DO als Schleifenkopf. Um jedoch die zu wiederholenden Anweisungen notieren zu können, müssen Sie in die Klammer hinuntersteigen - also zwei Anschläge nach rechts - , bevor Sie die beiden Anweisungen notieren.
Jetzt müssen Sie aus der Schleife wieder heraus, also Cursor zwei Anschläge nach links, bevor Sie das Schleifenende mit LOOP UNTIL x < 1 notieren. Die senkrechte Trennlinie, vor der Sie jetzt ganz rechts stehen, ist sowohl rechte Grenze der übergeordneten als auch rechte Grenze der geschachtelten zweiseitigen Auswahl - Sie steigen also mit jedem der beiden zu formulierenden END IF eine Ebene aus der untergeordneten Struktur nach oben und machen dies deutlich, indem Sie jeweils den Cursor zwei Anschläge nach links rücken, bevor Sie END IF eintippen.
Damit haben Sie sämtliche Parallelpfade abgearbeitet und befinden sich jetzt in der letzten Zeile des Struktogrammes, deren Druckanweisung Sie jetzt formulieren können.

Ihr Programm hat nunmehr folgendes Aussehen:

```
INPUT x
IF x < 0 THEN
  PRINT x
  PRINT x^2
ELSE
  IF x < 1 THEN
    PRINT x
    PRINT SQR(x)
  ELSE
    DO
      PRINT x
      x = x -1
    LOOP UNTIL x < 1
  END IF
END IF
PRINT "Ende des Programmes"
```

Wenn Sie auf diese Weise vorgehen, d.h. grundsätzlich beim Springen in einen untergeordneten Block den Cursor zwei Anschläge nach rechts führen, bevor Sie eine Anweisung notieren und umgekehrt beim Verlassen eines untergeordneten Blockes den Cursor zwei

Anschläge nach links führen, stehen sämtliche Schlüsselwörter, die eine Struktur klammern bzw. unterteilen, senkrecht untereinander, und Sie können sofort übergeordnete und untergeordnete Strukturen erkennen und vor allen Dingen leicht feststellen, ob Sie irgendwo ein Schlüsselwort vergessen haben.
Wollen Sie nachträglich Zeilen einfügen, so steuern Sie den Cursor auf den linken Bildschirmrand der Zeile, die nach unten verschoben werden soll und drücken "Ctrl" und die Taste "N" . Wollen Sie Zeilen löschen, so setzen Sie den Cursor auf den linken Bildschirmrand der zu löschenden Zeile und drücken "Ctrl" und "Y".
Zur Korrektur an bestehenden Zeilen steuern Sie den Cursor an die betreffende Position und löschen z.B. mit Hilfe der "Del"-Taste oder fügen den neuen Text ein und löschen anschließend den dabei nach rechts verschobenen alten Text; ist Ihnen dieses anschließende Löschen zu mühsam, so schalten Sie durch Druck auf die "Ins"-Taste vom Modus "Einfügen", in dem wir uns bisher stets befunden haben, wie das Wort "Insert" in der Kopfzeile des Schirmes angab, auf den Modus "Overwrite" um und bei Bedarf durch erneuten Druck auf "Ins" wieder zurück.

Nun soll das Programm aber endlich gestartet werden. Hierzu verlassen Sie mittels Druck auf die Taste "Esc" den Editor und wählen durch Druck auf die Taste "R" RUN. Das Programm wird jetzt compiliert und sofort gestartet. Mittels Druck auf "Alt" und "F5" können Sie das Bildschirmfenster RUN ebenfalls auf Schirmgröße bringen. Falls Sie die Compilermeldungen in Ruhe lesen wollen, müssen Sie durch Druck auf die Taste "C" zunächst den Compiler anwählen und anschließend durch "Esc" und "R" das Programm starten. Die einmal gewählten Fenstergrößen werden übrigens jedesmal eingenommen, wenn das betreffende Fenster aktiviert wird.

Läuft Ihr Programm korrekt und zufriedenstellend, so wählen Sie zur Programmspeicherung mittels "Esc" und "F" das Menüe "Files" an. Hier schlage ich vor, mittels "W" die Möglichkeit "Write to" zu wählen, da Sie dann die Gelegenheit haben, gezielt einen den DOS-Bedingungen entsprechenden Pfad und Namen zu vergeben. Sollte ein Programm unter gleichem Namen bereits existieren, so werden Sie gefragt, ob überschrieben werden soll; ist dies nicht der Fall, können Sie "W" erneut anwählen und einen anderen Namen bestimmen.

Wählen Sie dagegen "Save" aus dem Menü Files, so wird das Programm unter dem in der Kopfzeile aufgeführten Namen ohne Rückfrage auf dem aktuellen Laufwerk gespeichert.
Zum Laden eines Programmes wählen Sie im Menü "File" durch "L" den Punkt "Load" und erhalten nach Druck auf die Return-Taste das Inhaltsverzeichnis des aktuellen Laufwerkes alphabetisch geordnet aufgelistet; durch Eingabe des ersten Buchstabens des zu ladenden Programmes wird das erste Programm mit diesem Buchstaben angesteuert und Sie können anschließend mittels Cursorsteuerung in der unmittelbaren Umgebung nach dem gewünschten Programm suchen. Haben Sie es gefunden, so genügt ein Druck auf die Return-Taste, um das Programm zu laden. Da hierbei ein evtl. noch im Arbeitsspeicher befindliches Programm überschrieben würde, fragt das System zurück, ob Sie das bisherige Programm noch speichern wollen. Anschließend wird das gewünschte Programm automatisch geladen.

2.5 Hinweise zu Fehlersuche und Programmodifikation

Turbo BASIC unterstützt Sie sehr gut bei der Fehlersuche. Erkennt der Compiler einen Fehler, so bricht die Compilierung ab und das System befindet sich automatisch wieder im Editor, wobei in einer Kopfzeile des Bildschirmes die Fehlermeldung ausgegeben wird (die zumeist einen Hinweis auf die erforderliche Korrektur enthält - z.B. "String expresssion requires string operand" bei einem vergessenen "$"-Zeichen einer benötigten Stringvariablen) und der Cursor sich in derjenigen Programmzeile und an der Stelle befindet, an der der Fehler lokalisiert werden konnte. So werden Sie z.B. auf fehlende Klammern, fehlerhafte Symbole (z.B. ; statt :), numerische statt Stringvariable, fehlende oder überzählige Schlüsselwörter hingewiesen; nach der Korrektur drücken Sie einfach die Tasten "Esc" und "R" und das Programm wird erneut compiliert und automatisch gestartet.
Alles findet der Compiler aber auch nicht, so blieb z.B. der Fehler bei "SHARED zahl. anzahl" (statt SHARED zahl, anzahl) unentdeckt und das betreffende Programm lief mit äußerst merkwürdigen Ergebnissen.
Da ich statt der Komma- leicht die Punkt-Taste erwische, prüfe ich bei Programmen mit Prozeduren mit Hilfe der Funktion "Suchen und Ersetzen" das Programm auf derartige Fehler. Hierzu ist nach

"Ctrl" + "Q" und "A" der zu ersetzende "." einzugeben und mit Return abzuschließen. Anschließend werden Sie nach dem Ersatzsymbol gefragt und können dann unter "Options" mittels "G" angeben, daß die Ersetzung im gesamten Text erfolgen soll.
Bei jeder Fundstelle wird jetzt zurückgefragt, ob ersetzt werden soll - diese Möglichkeit könnten Sie ausschalten, indem Sie "G N" (global, ohne Rückfrage) eingeben. Ich würde die Rückfrage nicht ausschließen, da sonst auch sämtliche Bildschirmkommentare des Programms mit verändert werden.
Diese Funktion "Suchen und Ersetzen" verwende ich auch, wenn in einem Programm z.B. bestimmte Variable eine geänderte Deklaration erhalten sollen - eine Änderung "per Hand" ist riskant, da für Turbo BASIC "zahl" und "zahl&" (leider) zwei unterschiedliche Variablen sind und eine beim Umwandeln übersehene "zahl" den Wert 0 zugewiesen bekommt. Dieses automatische Ersetzen läßt sich allerdings nur dann komfortabel einsetzen, wenn man unterscheidbare, längere und selbsterklärende Variablen verwendet und sich nicht auf a, b, c, x, y , z beschränkt; siehe z.B. Kommentarzeilen.

Fehler im logischen Aufbau werden bei der Verwendung von Struktogrammen kaum auftreten. Haben Sie aber einmal eine Bedingung unkorrekt formuliert oder die Bedeutung von WHILE und UNTIL verwechselt, dann kann Ihnen ein Trace-Lauf helfen, die Ursache für die fehlerhaften Ergebnisse zu finden.
Hierzu müssen Sie Ihr Programm an den "entscheidenden" Punkten mit Zeilennummern versehen. Mit "Esc" und "D" rufen Sie anschließend das Menü "Debug" auf und schalten hier durch Eingabe eines "T" "Trace" auf ON. Mit "Esc" und "R" starten Sie Ihr Programm und erhalten jetzt die erste Zeilennummer im Tracefenster ausgegeben, die während des Programmablaufes erreicht wird. Durch Druck auf "Alt" plus "F10" wird der Programmablauf bis zur nächsten angesteuerten Zeilennummer fortgesetzt und so fort; wollen Sie eine kontinuierliche Ausgabe der angesteuerten Zeilennummern erhalten, so können Sie mit "Alt" plus "F9" auf kontinuierliche Ausgabe umschalten und bei Bedarf auch wieder zurück.
Taucht in einem Programm, das Sie als .EXE-file compiliert und nun von DOS aus gestartet haben (vgl. Teil 4.6.3), ein Laufzeitfehler auf, so erhalten Sie lediglich die Fehlernummer und den aktuellen Stand des Programmzählers ausgegeben; eine Zuordnung zum Quelltext ist ja nicht möglich.

Um den Fehler im Quellprogramm lokalisieren zu lassen, müssen Sie Turbo BASIC starten, den Quelltext des betreffenden Programmes laden und anschließend im Menü "Debug" durch "R" "Run time Error" aufrufen. Anschließend müssen Sie den vorher ausgegebenen Stand des Programmzählers (pgm-ctr : ...) eingeben. Damit haben Sie eine Zuordnung zum Quelltext geschaffen, und Turbo BASIC kann den Fehler in der gleichen Weise kommentieren, als wäre er beim Compilieren selbst aufgetreten.

2.6 Ergänzende Hinweise

Turbo BASIC bietet Möglichkeiten, von denen Sie nur in Ausnahmefällen Gebrauch machen sollten.
So können Sie in jede Programmzeile mehrere durch Doppelpunkte getrennte Anweisungen schreiben.
Weiterhin können Sie mittels EXIT aus Strukturelementen heraus zur unmittelbar nachfolgenden Anweisung springen; mittels EXIT FOR könnten Sie also eine FOR ... NEXT - Schleife verlassen.

Generell sollten Sie beide Möglichkeiten sparsam und nur dann einsetzen, wenn die Übersichtlichkeit der Programme nicht darunter leidet.

Die Verwendung von EXIT ist z.B. im Rahmen der Endlosschleife

```
DO
.....
IF ...... THEN EXIT LOOP
.....
LOOP
```

sicher erforderlich.
Weiterhin kann EXIT beispielsweise auch anstelle einer GOTO-Anweisung zum Überspringen einer Fehlerbehandlungsroutine in einer Prozedur sinnvoll eingesetzt werden (vgl. Beispiele 53ff); zum Verlassen anderer Strukturelemente sollte EXIT aus Gründen der Übersichtlichkeit nicht eingesetzt werden.

Mehrere Anweisungen sollten nur dann in eine Zeile geschrieben werden, wenn sie inhaltlich sehr eng zusammenhängen.

3 Grundelemente der Sprache Turbo BASIC

Von den Elementen, die Turbo BASIC zur Verfügung stellt, lassen sich hier nur die häufiger gebrauchten darstellen. Für ergänzende Informationen muß auf das Handbuch verwiesen werden.

3.1 Konstanten und Variablen

Turbo BASIC kennt drei Typen von Konstanten : Stringkonstante, Numerische Konstante und sog. Benannte Konstante.

Stringkonstante sind in Anführungszeichen eingeschlossene Zeichenketten wie z.B. "Dies ist eine Überschrift".

Unter einer numerischen Konstanten sind Zahlenwerte wie z.B. -2.45 oder 123456789 zu verstehen; den Typ dieser Konstanten (Real bzw. Langinteger) wählt Turbo BASIC selbst geeignet aus.

Benannte Konstante sind mit einem Namen versehene Integer-Konstante, deren erstes Symbol ein %-Zeichen ist, z.B.:

    %mehrwertsteuerprozentsatz = 14 .

Einer benannten Konstanten darf nur <u>einmal</u> in einem Programm ein Wert zugewiesen werden.

Unter einer Variablen hat man eine Information zu verstehen, deren konkreter Inhalt sich während eines Programmablaufes ständig ändern kann. Zur Verwaltung derartiger Informationen benötigt Turbo BASIC ein "Etikett", einen Variablennamen. Diese Namen dürfen laut Handbuch aus bis zu 255 Zeichen bestehen, die sämtlich berücksichtigt werden - "mehrwert" und "mehrwertsteuer" bezeichnen also unterschiedliche Variable. Bei 248 verfügbaren Stellen je Bildschirmzeile läßt sich die Angabe des Handbuches bis auf 242 Stellen leicht prüfen.
Das erste Zeichen eines Variablennamens muß ein Buchstabe sein, die übrigen können beliebig in Form von Ziffern oder Buchstaben vorliegen. Nicht erlaubt sind Umlaute und ß. Variablennamen dürfen nicht mit Turbo-BASIC-Wörtern identisch sein - daher ist zwar die Variable "namen", nicht aber "name" erlaubt, weil "name" in der Form NAME altname$ AS neuname$ die Anweisung zum Umbenennen einer Datei ist.

Turbo BASIC verwaltet Stringvariablen, Integervariablen, Langintegervariablen, einfache Realvariablen und doppelt genaue Realvariablen, die anhand eines angefügten Symbols unterschieden werden.

Einige Beispiele:

```
*  vorname$     :  Stringvariable für Zeichenketten                *
*                                                                  *
*  zahl%        :  Integervariable für den Bereich                 *
*                  von -32768 bis +32767                           *
*  anzahl&      :  Langintegervariable für den Bereich             *
*                  von -2147483648 bis +2147483647                 *
*  betrag!      :  Realvariable, einfach (z.B. -2.124)             *
*                  für den Bereich von +/- 10^38 bis nahe 0        *
*  wert#        :  Realvariable, doppelt genau; die Grenzen        *
*                  liegen bei +/- 10^308 und praktisch 0           *
```

Das Ausrufezeichen bei der einfachen Realvariablen kann fehlen. Turbo BASIC weist einer numerischen Variablen ohne Typensymbol den Typ der einfach genauen Realvariablen zu. Da im Unterschied zu den übrigen Symbolen das "!"-Zeichen in der Mathematik eine feste Bedeutung hat, (betrag! = "betrag Fakultät" = Produkt der positiven ganzen Zahlen von 1 bis zum Zahlenwert von betrag), verwende ich dieses Symbol ungern, zumal ja die Typenzuordnung dennoch eindeutig ist.
Für Turbo BASIC sind, wie bereits erwähnt, wert, wert%, wert#, wert& und wert$ unterschiedliche Variablen. Dennoch sollte man aus Gründen der besseren Lesbarkeit der Programme keinen Namen doppelt verwenden.

3.2 Eingabeanweisungen

Von den Eingabemöglichkeiten, die Turbo BASIC bietet, werden Sie folgende häufiger benötigen:

INPUT , LINE INPUT , INKEY$, INPUT$( ) , INPUT # , READ

Zur besseren Orientierung hier eine tabellarische Übersicht der nachfolgend beschriebenen Möglichkeiten:

Lesen aus mit/ /ohne	Tastatur d.h. Abschluß durch Return-Taste	Tastaturpuffer Abschluß ohne Return-Taste	Datei	Programm
mit Prog.- Unterbrechg.	INPUT LINE INPUT	INPUT$(n) (n Zeichen)		
ohne Prog.- Unterbrechg.		INKEY$ (1 Zeichen)	INPUT # INPUT$(n,#)	READ

Beispiele und Erläuterungen:

1) INPUT

```
* INPUT ; zahl1                                                   *
* INPUT " Drei weitere Eingaben (z,z,w) ", zahl2, zahl3, wort$    *
* INPUT , zahl4 , zahl5                                           *
* INPUT ; "Kommentar" zahl6                                       *
* INPUT zahl7                                                     *
```

Mit einer INPUT-Anweisung lassen sich also sowohl einzelne Variablen als auch Listen von Variablen anfordern. Bei der Anforderung von mehreren Werten mit einer INPUT-Anweisung müssen die Werte bei der Eingabe durch Kommata oder Leerstellen getrennt werden. Sie dürfen z.B. in der zweiten Zeile der obigen Beispiele nach der Eingabe der ersten Zahl nicht Return drücken, da Return die gesamte Eingabe beendet.
In der INPUT-Anweisung läßt sich auch festlegen, ob ein Fragezeichen ausgegeben werden soll und ob ein Zeilenvorschub nach der Eingabe erfolgen soll.
Ein Komma vor der ersten Variablen unterdrückt das Fragezeichen (vgl. Beispielzeilen 2 und 3), ein Semikolon unmittelbar nach dem Wort INPUT unterdrückt den Zeilenvorschub nach der Eingabe (siehe Beispielzeilen 1 und 4); eine INPUT-Anweisung ohne jeden Zusatz bewirkt Fragezeichen und nachfolgenden Zeilenvorschub, Beispielzeile 5.
Hinweis: Im Unterschied zur Eingabe mehrerer Zahlen kann man bei mehreren Zeichenketten nicht durch Leerzeichen trennen, da Leerzeichen als Elemente der Zeichenketten aufgefaßt werden. Um Fehleingaben zu vermeiden, sollte man generell bei der Eingabe von Zahlen und Strings durch Kommata trennen und die Eingabe der Variablenliste durch Return abschließen.

Die Zeilen 2 und 4 enthalten einen Bildschirmkommentar, der bei der Anforderung der Variablen ausgegeben wird. Streng genommen werden hier ein Ausgabebefehl und ein Eingabebefehl in einer Anweisung gemischt. Wer diese Vermischung vermeiden will, kann den Kommentar in eine gesonderte PRINT-Anweisung aufnehmen und durch ein Semikolon einen Zeilenvorschub unterdrücken. In der nächsten Zeile kann dann die "reine" INPUT-Anweisung nach dem Muster der Zeilen 1, 3 oder 5 stehen.

Beispiel:

```
PRINT "Kommentar ";
INPUT zahl1, zahl2, wort$
```

2) LINE INPUT

Beispiel : `LINE INPUT "Zu lesender Gesamtstring " zeile$`

Diesen Eingabebefehl müssen Sie statt des INPUT-Befehls verwenden, wenn Sie nicht ausschließen können, daß eine einzugebende Zeichenkette Kommata enthält. Bei INPUT würden das erste Komma und sämtliche nachfolgenden Symbole ignoriert, der String also unvollständig eingelesen, da das Komma als Trennung zum zweiten (nicht einzulesenden) String aufgefaßt wird. Die Wirkung eines ';' ist die gleiche wie bei INPUT, ein Fragezeichen wird nie ausgegeben.

3) INKEY$

INKEY$ liest <u>ein</u> Zeichen aus dem Tastaturpuffer, <u>ohne</u> den Programmablauf zu unterbrechen und ohne das gelesene Zeichen auf dem Bildschirm darzustellen.
INKEY$ eignet sich daher z.B. für Warteschleifen, die nur auf ein bestimmtes Zeichen verlassen werden sollen, z.B.

```
DO
  antwort$ = INKEY$
LOOP UNTIL antwort$ = "J"
```

Diese Schleife läuft endlos, bis die Taste "J" gedrückt wird.

4) INPUT$(n) INPUT$(n,#d)

INPUT$(n) liest <u>mit</u> Programmunterbrechung n Zeichen aus dem Tastaturpuffer, ohne diese Zeichen zugleich auf den Bildschirm zu schreiben. Z.B. werden durch

```
codewort$ = INPUT$(5)
```

die ersten 5 eingegebenen Zeichen der Variablen codewort$ zugewiesen.
Wird in der Klammer zusätzlich durch Komma getrennt die Nummer einer zuvor eröffneten Datei angefügt, so wird codewort$ statt aus der Tastatur aus dieser Datei gelesen.

5) INPUT #d (d = Nummer der Datei)

INPUT #2, wort1$, wort2$ liest aus der zuvor zum Lesen eröffneten Datei Nr.2 zwei Stringvariablen ein. Diese müssen durch Komma getrennt, d.h. mittels WRITE # geschrieben worden sein; siehe Beispiele 53 und 54.

6) READ

Mit Hilfe des Befehls READ können fortlaufend Daten aus DATA-Zeilen innerhalb eines Programmes gelesen und weiterverarbeitet werden.

Beispiel:

```
DATA 3,5,"7",-13,147,"Walter",2,-99
sprungmarke:
DATA "Kurt", 1, 2, "Beate"

FOR lv = 1 TO 4
  READ zahl1, zahl2, wort$
NEXT
```

Erläuterungen:

Wird die Schleife der letzten drei Zeile zum ersten Mal abgearbeitet, so liest das Programm die Daten - beim ersten Element der ersten im Programm existierenden DATA-Zeile beginnend - und weist die gelesene Information den nach READ aufgeführten Variablen zu.

Hier hätte also die Variable zahl1 den Wert 3, zahl2 den Wert 5 und wort$ enthielte das Symbol (!) 7.
Beim zweiten Durchlauf werden die nachfolgenden Daten aus den DATA-zeilen gelesen, hier -13, 147 und "Walter" und den nach READ aufgeführten Variablen zahl1, zahl2 und wort$ zugeordnet. Nach Verlassen der Schleife enthält zahl1 den Wert 1, zahl2 den Wert 2 und wort$ den String "Beate".
Der Versuch, über das letzte DATA-Element hinaus zu lesen, resultiert im Laufzeitfehler "Out of data".
Der Befehl RESTORE setzt den DATA-Zeiger wieder auf das erste Element der ersten existierenden DATA-Zeile, so daß die DATA-Elemente erneut vollständig gelesen werden können; die Anweisung "RESTORE sprungmarke" setzt den DATA-Zeiger auf das erste DATA-Element nach dieser Sprungmarke. Anschließend könnten in diesem Beispiel nur noch 4 Daten gelesen werden.
Der Versuch, einen String wie "Walter" durch eine numerische Variable lesen zu lassen, endet im Laufzeitfehler "Syntax error".

3.3 Ausgabeanweisungen

Auch hier soll zunächst ein tabellarischer überblick über die wichtigsten von Turbo BASIC zur Verfügung gestellten Ausgabebefehle gegeben werden.

Schreiben mit auf/in	Formatierungsmöglichkeit	Trennung durch Komma
Bildschirm	PRINT bzw. PRINT USING	WRITE
seq. Datei	PRINT # bzw. PRINT # USING	WRITE #
Drucker	LPRINT bzw. LPRINT USING	

Da Sie bei der Ausgabe sicher selten lediglich nur durch Kommata trennen lassen wollen, sollen an dieser Stelle nur die Ausgabemöglichkeiten mit Formatierung besprochen werden. Es genügt daher, PRINT und PRINT USING zu behandeln, da die Umleitung der Ausgabe in eine zuvor geöffnete sequentielle Datei bzw. auf den Drucker lediglich das Anhängen bzw. Voranstellen der Datei-Nr. "#d," bzw. des "L" erfordert. WRITE # wird kurz im Beispiel 53 erläutert.

1) PRINT

Das Demo-Programm:

```
zahl1 =-27 : wort$ = "Teststring"
PRINT "Kein Trennzeichen" zahl1 zahl1*3 wort$ wort$
PRINT "Semikolon bewirkt";zahl1; zahl1*3; wort$; wort$
PRINT "Komma:",zahl1, zahl1*3, wort$, wort$
PRINT "TAB( )" TAB(35)zahl1 TAB(40)wort$ TAB(55)zahl1*9
PRINT "SPC( )" SPC(5) zahl1 SPC(10)wort$ SPC(20)zahl1
```

bewirkt folgende Ausgabe:

```
Kein Trennzeichen-27 -81 TeststringTeststring
Semikolon bewirkt-27 -81 TeststringTeststring
Komma:        -27           -81           Teststring    Teststring
TAB( )                                -27  Teststring     -243
SPC( )     -27           Teststring                        -27
```

Wie Sie erkennen, haben kein Trennzeichen und Semikolon die gleiche Wirkung: Zeichenketten werden direkt aneinandergehängt, Zahlen werden mit einer führenden (für das Vorzeichen) und einer abschließenden Leerstelle gedruckt.
Ein Komma setzt den Cursor auf die nächste vordefinierte Kolonne (Kolonnenbreite 14 Anschläge), mittels TAB(40) läßt sich direkt die genannte Druckposition ansteuern und mit SPC(20) beispielsweise lassen sich genau 20 Leerzeichen zwischen die zu druckenden Terme einfügen.

2) PRINT USING

Dieser Befehl ermöglicht es, eine Zeilendruckmaske zu definieren, in welche die nach diesem Befehl aufgeführten Konstanten und Variablen an den bezeichneten Stellen mit der jeweils definierten Länge eingefügt werden.

Ein einfaches Beispiel:

```
PRINT USING "Runde : ## dauerte  : -#####.## Sekunden"; runde; sec
```

bewirkt mit den Daten runde := 24 und sec := 102.3456 die Ausgabe:

```
"Runde : 24 dauerte  :    102.35 Sekunden"
```

Der Inhalt von "sec" wurde also beim Druck auf 2 Nachkommastellen gerundet.
PRINT USING läßt sich flexibler benutzen, wenn man die Zeilendruckmasken getrennt von den Druckanweisungen selbst als Stringvariable formuliert und in der Anweisung nur noch aufruft. Bezogen auf das genannte Beispiel würde dies wie folgt aussehen:

```
maske1$ = "Runde : ## dauerte  : -#####.## Sekunden"
...
PRINT USING maske1$; runde; sec
```

Auf diese Weise können Sie im Kopf Ihres Programmes sämtliche z.B. beim Druck einer Rechnung benötigten Druckformate einmal definieren und dann an beliebiger Stelle und beliebig oft zum Drucken benutzen. Korrekturen lassen sich so einfach und übersichtlich durchführen, die Schreibarbeit wird verringert und Sie haben zusätzlich die Möglichkeit, die Druckmasken während des Programmablaufes selbst durch das Programm ändern zu lassen, da auf diese so definierten Masken sämtliche Stringoperationen anwendbar sind. Vgl. hierzu Teil 3.5, Abschnitt 3).

Einige Formatierungsmöglichkeiten sollen hier erläutert werden.

```
maske1$ = "Text  -#####.####    Text  #####"
maske2$ = "Text  \   \   Text   \     \   ###.#"
maske3$ = "Text  &   \       \  !   ###.## Text"
```

Maske 1 eignet sich zur Ausgabe zweier numerischer Werte, von denen der erste einschließlich Vorzeichen und 4 Nachkommastellen ausgegeben wird - beide Werte werden ggf. gerundet. Durch Maske 2 wird in das durch \ \ markierte 5-stellige String-Feld linksbündig der Inhalt der jeweils angegebenen Stringvariablen eingetragen; überzählige Symbole werden abgeschnitten. Entsprechend wird das zweite Stringfeld gedruckt - eine Mischung von Stringfeldern und numerischen Feldern in einer Maske ist zulässig.

Bei der dritten Maske wird links in dem Feld, das durch "&" gekennzeichnet ist, ein String in voller Länge ausgegeben; die Druckposition des nachfolgend ausgegebenen Feldes fester Länge sowie des durch "!" definierten 1-stelligen Textfeldes und der Zahl mit zwei Nachkommastellen verschiebt sich entsprechend.

3.4 Zuweisungen

Zwei Formen sind bei Turbo BASIC möglich:

```
*     LET    variable  = term        *
*            variable  = term        *
```

Dabei hat das Wort LET die Bedeutung einer Zuweisung, d.h., daß der Computer zunächst den Term rechts vom Gleichheitszeichen ermittelt und den Inhalt anschließend der links genannten Variablen zuweist. Dabei müssen Term und Variable vom gleichen Typ sein.
Das Schlüsselwort LET kann entfallen und wird üblicherweise auch nicht mehr geschrieben; dann ist diese Zuweisung von einem Vergleich allerdings nur noch dadurch zu unterscheiden, daß vor der Variablen <u>kein</u> IF, WHILE oder UNTIL steht.

Beispiele:

```
*   a) zahl1 = 15              b) zahl2 = zahl3              *
*   c) z = x^5 + 16*u + 3      d) index = index + 1          *
*   e) vorname$ = "Werner"     f) nachname$ = "Justinski"    *
*   g) namen$ = vorname$ + nachname$                         *
*                              h) f$ = 15    (falsch!)       *
```

Erläuterungen:

a) Der Variablen zahl1 wird der Wert 15 zugewiesen.
b) Der Variablen zahl2 wird der aktuelle Wert der Variablen zahl3 zugewiesen.
c) Der Term rechts vom Gleichheitszeichen wird zunächst berechnet, das Ergebnis wird der Variablen z zugewiesen.
d) Der aktuelle Wert der Variablen index wird um eine Einheit erhöht; mit diesem erhöhten Wert wird der bisherige Wert dieser Variablen überschrieben. Für diese Fälle gibt es Kurzformen. Die Befehle :

   INCR index, 1   bzw.   DECR zahl, 3.5
   (eine 1 kann samt Komma entfallen)

bewirken eine Erhöhung des Wertes der Variablen index um 1 bzw. eine Verringerung des Wertes der Variablen zahl um 3,5.
Diese Möglichkeiten wirken sich besonders dann günstig aus, wenn man längere, selbsterklärende Variablen benutzt, da die Wiederholung des Variablennamens entfällt.

e) Der Variablen vorname$ wird die Zeichenkette "Werner" zugewiesen.
f) Hier wird der Variablen nachname$ die Zeichenkette "Justinski" zugewiesen.
g) Die Strings aus e) und f) werden verknüpft - der Druckbefehl PRINT namen$ würde ergeben : "WernerJustinski" .

Beispiel h) enthält einen Fehler: Wie Sie sich erinnern, darf einer Stringvariablen kein numerischer Wert zugewiesen werden.

3.5 Standardfunktionen und -konstanten

Turbo BASIC enthält eine Vielzahl sogenannter Standardfunktionen, die einen numerischen Wert oder eine Zeichenkette dem Programm zur Weiterverarbeitung zur Verfügung stellen.
An dieser Stelle können nur einige häufig benutzte Funktionen angesprochen werden.

1) Boolesche Funktionen und Konstanten

TRUE FALSE EOF( )

a) TRUE (wahr) ist eine Boolesche Konstante, die in Turbo BASIC mit dem Wert -1 belegt ist.

b) Die Konstante FALSE ist demgegenüber mit dem Wert 0 belegt.

c) EOF( ) End Of File (Nr.)
EOF(3) z.B. liefert den Wert FALSE zurück, wenn das Ende der mit File Nr.3 angesprochenen Datei beim Lesen noch nicht erreicht wurde; mit dem Erreichen des Endes dieser Datei erhält EOF(3) den Wert TRUE.

2) Funktionen mit numerischen Argumenten

ABS( ), EXP2( ), EXP10( ), FIX( ), INT( ), CINT( ), CEIL( ), LOG( ), LOG2( ), LOG10( ), RND( ), SGN( ), SQR( ), SIN( ), COS( ), TAN( ), ATN( )

Erläuterungen:

a) ABS(argument)
ABS( ) ermittelt den Betrag einer beliebigen Zahl. So (sollte) beispielsweise ABS(-9.36) den Wert 9.36 ergeben; zumindest bei der Version 1.0 von Turbo BASIC wird aber noch 9.359999999999999 ausgegeben. ABS(4.2) ergibt (tatsächlich) den Wert 4.2 .

b) EXP2(argument) , EXP10(argument)
EXP ( ) faßt das angegebene Argument als Exponent auf und ermittelt den Potenzwert des gegebenen Argumentes zur Basis 2 bzw. zur Basis 10. So ergibt z.B. EXP2(4) das Ergebnis 16, EXP10(4) das Ergebnis 10000.

c) FIX(argument), INT(argument), CINT(argument), CEIL(argument)
Die 4 Funktionen wandeln Real-Zahlen in Integer-Zahlen um. Dabei trennt FIX( ) die Nachkommastellen des in der Klammer angegebenen Argumentes einfach ab und liefert den ganzzahligen Vorkommawert zurück.
INT( ) ermittelt die größte derjenigen ganzen Zahlen, die gleich oder kleiner sind als das genannte Argument, CEIL( ) ermittelt als Umkehrung von INT( ) die kleinste derjenigen ganzen Zahlen, die gleich oder größer sind als das genannte Argument; CINT( ) <u>rundet</u> bei der Ermittlung des zugehörigen Integerwertes und liegt damit gewissermaßen "zwischen" INT( ) und CEIL( ). Allerdings rundet CINT( ) bis .5 noch ab!.

Ein paar Beispiele:

x	INT(x)	CINT(x)	CEIL(x)
-2.51	-3	-3	-2
-2.5	-3	-2	-2
+2.4	2	2	3
+2.5	2	2	3
+2.51	2	3	3

d) LOG(argument) , LOG2(argument) , LOG10(argument)

LOG( ) stellt die Umkehrung der EXP( )-Funktion dar. Durch LOG( ) wird diejenige Hochzahl ermittelt, mit der die Basis potenziert werden muß, um den Wert des Argumentes in der Klammer zu erhalten. Zur Verfügung stehen mit LOG( ) die Basis e = 2,7182818...., mit LOG2( ) die Basis 2 und mit LOG10( ) die Basis 10.
So ist LOG(100) = 4.60517018....., LOG2(100) = 6.643856... und LOG10(100) = 2, da 10 hoch 2 bekanntlich 100 ergibt.

e) RND(argument) RANDOMIZE

RND stellt Zufallszahlen zur Verfügung, die zwischen 0 und 1 liegen, wobei die 1 nicht erreicht wird. Wird RND ohne Argument und ohne einen vorher erfolgten Aufruf von RANDOMIZE benutzt, so wird mit jedem neuen Start des Programms exakt die gleiche (Folge von) Zufallszahl(en) geliefert.
Der Aufruf von RND( ) mit negativem Argument ändert den Startwert der ausgegebenen Zufallszahlenfolge. Damit z.B. bei Spielen nicht vorhersehbare Zufallszahlen benutzt werden, sollte das Programm selbst mittels RANDOMIZE jeweils einen neuen Startwert des Zufallszahlengenerators setzen.
Wird RANDOMIZE ohne Argument verwendet, so fordert das Programm die Eingabe eines Wertes vom Benutzer; eleganter ist die im Handbuch vorgeschlagene Möglichkeit, den internen Sekundenzähler des Computers zu benutzen, indem vor dem Aufruf der ersten Zufallszahl RANDOMIZE TIMER aufgerufen wird; vgl. etwa Beispiel 27 .

f) SGN(argument)

SGN( ) ermittelt das Vorzeichen des gegebenen Arguments. Die Funktion nimmt den Wert +1 bei positiven Argumenten, den Wert -1 bei negativen Argumenten und den Wert 0 beim Argument 0 an.

g) SQR(argument)

SQR( ) ermittelt die Quadratwurzel des gegebenen Arguments. So ergibt z.B. SQR(8) den Wert 2.82842712474619.

h) SIN(argument), COS(argument), TAN(argument), ATN(argument)

Die trigonometrischen Funktionen SIN( ), COS( ), TAN( ) und ATN( ) - ATN = arcustangens als Umkehrung der TAN-Funktion - ermitteln die jeweiligen Werte im Bogenmaß. So ergibt z.B. SIN(1) den Wert 0.8414709848078965.

Für die hier kurz erläuterten Funktionen gilt, daß sie den normalen Regeln der Mathematik unterliegen. So läßt sich z.B. die Quadratwurzel eines negativen Arguments nicht ermitteln.

Funktionen können geschachtelt werden.

So ergibt etwa die Anweisung

```
PRINT SIN(SQR(SQR(ABS(-2.8^3))))
```

das Ergebnis : 0.8288439194006934

3) Funktionen und Befehle zur Zeichenkettenbehandlung

Die wichtigsten dieser Funktionen und Befehle lassen sich in 4 Gruppen zusammenfassen:

a) CHR$(zahl) und ASC(symbol$)

b) STR$(zahl) und VAL(wort$)

c) LEFT$(wort$, anzahl) RIGHT$(wort$, anzahl)
MID$(wort$, position, anzahl)
LEN(wort$)
INSTR(position, wort$, symbolfolge$)

d) <u>Befehle</u>: LSET , MID$(string$,position,laenge) , RSET

Zu a) CHR$(zahl) gibt das Symbol zurück, dessen ASCII-Code die angegebene Zahl entspricht; ASC(symbol$) ist die Umkehrung dieser Funktion, wobei jedoch nur das erste Symbol eines angegebenen Strings berücksichtigt wird.

Beispiel: CHR$(65) ergibt "A" , ASC("Anzahl") ergibt 65

Zu b) STR$(zahl) wandelt einen numerischen Ausdruck in äußerlich unveränderter Form in einen String um; VAL(wort$) wandelt sämtliche Ziffernsymbole, die sich linksbündig in einem Stringausdruck befinden, in eine entsprechende Zahl um.

Beispiel: STR$(-136.678) ergibt "-136.678"
VAL("4500 Osnabrück") ergibt 4500
Nur mit dem Ergebnis der zweiten Zeile können Sie weiter rechnen!

Zu c) LEFT$(wort$, anzahl) kopiert von links beginnend aus dem gegebenen Wort die gewünschte Anzahl von Symbolen als Teilstring heraus; RIGHT$(wort$, anzahl) ist die identische Funktion für rechtsbündiges Herauskopieren.
MID$(wort$, position, laenge) kopiert aus dem String wort$ ab der angegebenen Position einen Teilstring heraus, dessen Länge als dritter Term in der Klammer angegeben ist.
LEN(wort$) gibt schließlich die aktuelle Symbolzahl der Variablen wort$ an.
Beispiel: namen$ = "Alfons Justinski"

Dann ergibt	LEFT$(namen$, 6)	den String "Alfons",
	RIGHT$(namen$, 9)	den String "Justinski",
	MID$(namen$, 8, 4)	den String "Just"
und	LEN(namen$)	gibt immer noch die Zahl 16

zurück, da der Inhalt der Variablen namen$ durch das Herauskopieren nicht verändert wurde.

Die Funktion INSTR(position, wort$, symbolfolge$) schließlich durchsucht ab der angegebenen Position den Inhalt des Strings wort$ und prüft, ob und ab welcher Stelle die Symbolfolge im String wort$ enthalten ist; zurückgegeben wird diese Stellenzahl bzw. die Null, wenn die Symbolfolge nicht im String wort$ enthalten ist.

Zu d) Die Befehle LSET, MID$ und RSET fügen in einen existierenden String linksbündig, ab einer gewählten Position bzw. rechtsbündig einen Teilstring ein, wobei LSET und RSET jedoch den Rest des Strings mit Leerzeichen füllen.

Beispiel:
zeile$ = SPACE$(40) bildet einen String von 40 Leerzeichen.
LSET zeile$, "ABC" würde diese Buchstaben linksbündig plazieren,
RSET zeile$, "XYZ" würde diese Buchstaben rechtsbündig plazieren;
ein (hier nicht vorhandener) Rest von Zeichen würde gelöscht.

Im Gegensatz dazu überschreibt MID$( ) nur die Zeichen im gewünschten Bereich. Die Anweisung: MID$(namen$, 8, 4) = "Gustav" ersetzt im String namen$ (vgl. c)) ab Position 8 die nächsten 4 Symbole durch die ersten 4 Symbole von "Gustav"; der Inhalt der Variablen namen$ lautet nun "Alfons Gustinski".
Fehlt die Längenangabe für die Einfügung, so würde "Gustav" komplett eingefügt, mindestens aber bis zur letzten Stelle des bisherigen Inhaltes der Variablen namen$.
Statt "ABC", "XYZ" und "Gustav" lassen sich natürlich auch Stringvariablen verwenden.

3.6 Verknüpfungs-, Vergleichs- und logische Operatoren

1) Turbo BASIC kennt folgende Verknüpfungsoperatoren:

Symbol	Bedeutung	Beispiele
+	Addition	3+5 , a+b , INCR a,b
-	Subtraktion	4-6 , c-d , DECR c,d
*	Multiplikation	3*(x+5) , 4*b
/	Division	3/10 , a/b , x/SQR(c)
^	Potenzierung	3^5 , a^b , 16^0.25
\	Ganzzahldivision	7 \ 2 , a \ b
		(7 \ 2 ergibt 3)
MOD	Rest der Ganzzahl-division	7 MOD 2 , a MOD b
		(7 mod 2 ergibt 1)

Der Operator + läßt sich auch auf Zeichenketten anwenden, vgl. Abschnitt 3.4, Beispiel g).

Im Beispiel 53 wird aus den Zeichenkettenvariablen dateiname$ und laufwerk$ sowie den Stringkonstanten ":" und ".DAT" mit Hilfe des Operators + ein neuer String gebildet; diese Möglichkeit erspart es dem Benutzer, Pfad- und Dateinamen stets als einen String unter Berücksichtigung der DOS-Bedingungen z.B. als "C:TEST.DAT" eingeben zu müssen.

2) Als Vergleichsoperatoren für numerische oder String-Terme stehen zur Verfügung:

	Symbol	Bedeutung	Beispiele	
*	<	kleiner als	x < y , a$ < b$	*
*	>	größer als	x > y , a$ > b$	*
*	=	Identität	x = y , a$ = b$	*
*	<=	kleiner oder gleich	x <= y , a$ <= b$	*
*	>=	größer oder gleich	x >= y , a$ >= b$	*
*	<>	ungleich	x <> y , a$ <> b$	*

Numerische Terme werden entsprechend der Anordnung der Zahlen auf der Zahlengeraden verglichen,

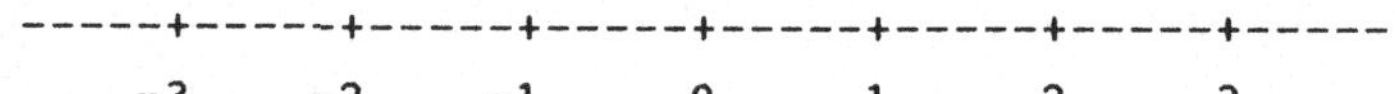

wobei eine weiter links stehende Zahl als "kleiner" angesehen wird.

Beim Vergleich von Strings wird von links beginnend die interne Codierung der Symbole sowie die Länge der Strings berücksichtigt. Das führt dazu, daß beim Vergleich der Strings "andreas" und "Zarah" der String "Zarah" als kleiner aufgefaßt wird, da das "a" mit 97 und das "Z" mit 90 codiert ist.

Ein kurzes Beispielprogramm soll dies zeigen.

```
maske$ = " Das Wort & ist 'kleiner' als das Wort & "
INPUT wort1$
INPUT wort2$
IF wort1$ < wort2$ THEN
  PRINT USING maske$; wort1$; wort2$
ELSE
  PRINT USING maske$; wort2$; wort1$
END IF
```

Die Ergebnisse bezüglich einiger Teststrings sahen wie folgt aus:

Das Wort Zarah ist 'kleiner' als das Wort andreas
Das Wort anton ist 'kleiner' als das Wort antonia
Das Wort Wolfgang ist 'kleiner' als das Wort wolfgang

Wenn Strings mit Klein- und Großbuchstaben sowie Umlauten lexikalisch korrekt sortiert werden sollen, ist die interne Codierung zu berücksichtigen. Ein Lösungsvorschlag wird im Abschnitt 5.3 im Rahmen des Beispieles "Sortieren in der Zentraleinheit" gegeben. (Umlaute lassen sich unter Version 1.0 leider noch nicht testen!)

3) Logische Operatoren

Von den zur Verfügung stehenden logischen Operatoren werden folgende häufiger benötigt:

	Symbol	Bedeutung	Beispiele	
*	AND	logisches "und"	IF a > 0 AND b = 3 THEN	*
*	OR	logisches "oder"	WHILE zaehler = 3 OR x > 2	*
*	NOT	logisches "nicht"	WHILE NOT EOF(2)	*
*	XOR	logisches "verschieden"	IF a < 0 XOR b < 0 THEN	*
*	INSTR	"enthalten in"	IF INSTR(a$,b$) THEN	*
*			(Stringvergleich)	*

Erläuterungen:

a) Zu AND: Falls a größer 0 ist und gleichzeitig b = 3 ist, dann ....

b) Zu OR : ... solange entweder der Wert des Zählers = 3 ist oder x größer 2 ist oder auch beide Bedingungen gleichzeitig erfüllt sind, ...

c) Zu NOT: ... solange nicht das Ende der Datei Nr. 2 erreicht ist, ...

d) Zu XOR: ... falls nur eine der beiden aufgeführten Bedingungen erfüllt ist, d.h. in diesem Falle: Entweder a oder b negativ ist, nicht aber beide gemeinsam, dann ...

e) ZU INSTR: (Vgl. auch Teil 3.5, Abschnitt 3)
Bei der oben angegebenen Formulierung prüft INSTR ab der ersten Position der Zeichenkette a$, ob die Zeichenkette b$ in a$ enhalten ist; zurückgeliefert wird die Position, ab der b$ zum

ersten Mal in a$ enthalten ist. Eine Null wird zurückgeliefert, wenn b$ nicht in a$ enthalten ist.

Der Wert, den INSTR zurückliefert, wenn b$ in a$ enthalten ist, wird stets als WAHR interpretiert, da im Rahmen der logischen Funktionen jede Zahl ungleich Null als WAHR aufgefaßt wird.

Damit sind z.B. auch schwer überschaubare Kurzformulierungen wie: " IF a AND b THEN ..." zulässig. Man muß diese Zeile allerdings wie folgt übersetzen:

falls a UND b gleichzeitig einen Wert ungleich Null haben, dann ..

Ein kleines Testprogramm soll dies nachweisen:

```
INPUT a
INPUT b
IF a AND b THEN
  PRINT a" AND "b" = logisch wahr"
ELSE
  PRINT a" AND "b" = logisch falsch"
END IF
```

Testergebnisse:

```
-15  AND -2  = logisch wahr
-5  AND  2  = logisch wahr
 2  AND  10  = logisch wahr
 0  AND  2  = logisch falsch
 0  AND  0  = logisch falsch
```

Entsprechend läßt sich die Zeile "IF a OR b THEN ..." übersetzen:

falls a oder b oder beide einen Wert ungleich Null haben, dann ..

Bei den aufgeführten logischen Operatoren gilt die Rangfolge:

NOT vor AND vor OR bzw. XOR

d.h. ein Term wie ((NOT a) AND b) OR c kann auch ohne jede Klammer geschrieben werden.

4 Erweiterungen der Grundelemente

Zusätzlich zu den im Kapitel 3 erläuterten Grundelementen bietet Turbo BASIC die Möglichkeit, mehrere Variable zusammenzufassen und diese dann unter einem gemeinsamen Namen zu verwalten.

4.1 Felder

Unter einem Feld ist die Zusammenfassung mehrerer Variablen unter einem gemeinsamen Namen zu verstehen; eine Unterscheidung der einzelnen Feldelemente ist anhand ihrer Indizes möglich.

Formale Beispiele:

Eindimensionales Feld (Liste):

```
 ------------------------------------------
   LE(1)  LE(2)  LE(3)  LE(4)  LE(5)  LE(6)     LE(3) = Listen-
 ------------------------------------------             element 3
```

Zweidimensionales Feld (Matrix):

```
                   ↓
      -------------------------------------------
        M(1,1)   M(1,2)   M(1,3)   M(1,4)   M(1,5)
      -------------------------------------------
        M(2,1)   M(2,2)   M(2,3)   M(2,3)   M(2,5)
      -------------------------------------------
  —>    M(3,1)   M(3,2)   M(3,3)   M(3,4)   M(3,5)
      -------------------------------------------
        M(4,1)   M(4,2)   M(4,3)   M(4,4)   M(4,5)
      -------------------------------------------
```

Die Elemente eines Feldes können mit Hilfe der Indizes eindeutig angesprochen werden; mit M(3,2) z.B. wäre das Element dieser 4-zeiligen und 5-spaltigen Matrix angesprochen, das auf der gedachten Schnittstelle der 3. Zeile mit der 2. Spalte liegt; vgl. Pfeile.

Turbo BASIC dimensioniert Felder selbständig auf 11 Elemente mit den Indizes von 0 bis 10. Sie sollten jedoch jedes verwendete Feld von sich aus DIMensionieren und dabei möglichst zusätzlich zum oberen auch den unteren Feldindex angeben - Ihre Programme werden lesbarer und die Felder nicht größer als erforderlich!

Beispiele:

```
DIM liste1(3:18)
DIM liste2(20)
DIM matrix(1:10 , 2:5 , 0:3)
DIM stringfeld$(1:20 , 1:5)
```

Durch diese Beispiele werden folgende Felder DIMensioniert:

Feld 1 mit Namen liste1 ist ein eindimensionales numerisches Feld, wobei der Index der Feldelemente von 3 bis 18 läuft; Feld 2 mit Namen liste2 ist ebenfalls numerisch, eindimensional und enthält 21 Elemente mit den Indizes von 0 bis 20.
Feld 3 mit Namen matrix ist numerisch und dreidimensional, und das Feld 4 mit Namen stringfeld$ ist zweidimensional und umfaßt insgesamt 100 Elemente. Während der Dimensionierung werden numerische Felder mit 0-en aufgefüllt, Stringfelder mit dem Nullstring "".

Bei der Dimensionierung von Feldern können für die Indexgrenzen Konstante (wie in den Beispielen), aber auch Variable eingesetzt werden. Negative Indizes sind nicht zulässig.
Die Dimensionierung eines Feldes mittels Konstanten erzeugt statische Felder, deren Platzbedarf bereits während der Compilierung ermittelt und festgelegt wird. Solche Felder können während des Programmablaufes mittels "ERASE feldname" inhaltlich gelöscht werden, ihr Speicherbereich wird aber dadurch nicht freigegeben.

Die Dimensionierung eines Feldes mittels Variablen bewirkt dagegen eine dynamische Erzeugung von Feldern, da der Speicherbedarf erst während des Programmablaufes anhand der eingegebenen konkreten Werte ermittelt werden kann. Derart erzeugte Felder werden mit ERASE gelöscht und zur Weiterverwendung freigegeben.

Felder, die mit Konstanten dimensioniert sind, lassen sich durch den Befehl DYNAMIC in dynamische (löschbare) Felder umwandeln;

```
DIM DYNAMIC liste(3:100)     ;
```

bei mittels Variablen dimensionierten Feldern kann die Umwandlung in statische Felder nicht vorgenommen werden, da während der Compilierung keine konkreten Angaben vorhanden sind.

Wie bei den Dimensionierungs-Beispielen bereits angedeutet, sind mehr als zwei Dimensionen möglich.

Beispiel für eine 5-dimensionale Matrix :

```
REM 5-DIM-Matrix
DIM matrix(1:3,1:2,0:2,1:3,1:2)
REM Einlesen der Matrix-Werte
FOR d1= 1 TO 3
  FOR d2 = 1 TO 2
    FOR d3 = 0 TO 2
      FOR d4 = 1 TO 3
        FOR d5 = 1 TO 2
          INPUT matrix(d1,d2,d3,d4,d5)
        NEXT
      NEXT
    NEXT
  NEXT
NEXT
REM Erstes und letztes Element ausdrucken
PRINT matrix(1,1,0,1,1)
PRINT matrix(3,2,2,3,2)
REM Element mit errechnetem Index ausdrucken
a= 5 : b = 2
PRINT matrix(3,2,1, SQR(a*b-1)-2 ,2)
```

Nach Eingabe der natürlichen Zahlen (1, 2, ...) werden durch die PRINT-Anweisungen der letzten Zeilen folgende Werte ausgegeben:

```
1
108
98
```

4.2 Unterprogramme - lokale und globale Variable

Im Abschnitt 2.2 wurde die Formulierung von Unterprogrammen als eine Möglichkeit erwähnt, mehrfach verwendbare Programmteile auszulagern und Programme dadurch übersichtlicher zu gestalten und leichter verfeinern zu können.
Diese Überlegungen sollen hier fortgeführt werden und in das Gebiet der Funktionen und Prozeduren mit Parametern einführen. Da hierbei eine Reihe von Punkten zu berücksichtigen sind, die im herkömmlichen BASIC keine Rolle spielen, soll in kleinen Schritten vorgegangen werden.

Zunächst also zurück zu einfachen Unterprogrammen.

Angenommen, Sie möchten innerhalb eines Programmes, in dem der Wert einer eingegebenen positiven Zahl verändert und anschließend unter der Bezeichnung x gespeichert wird, an mehreren Stellen zu Kontrollzwecken den Nachkommateil des aktuellen Wertes der Variablen x auf den Bildschirm drucken lassen. Das Gesamtprogramm könnte wie folgt aussehen, wobei mit REM NKT die Stellen markiert wurden, an denen der Nachkommateil zu drucken ist.

Beispiel:

```
REM Nachkommateil
INPUT "Zahl größer Null : " zahl
PRINT zahl
x = zahl
REM NKT
x = 4*zahl
REM NKT
x = SQR(zahl)
REM NKT
x = zahl^0.4
REM NKT
x = EXP(zahl)
REM NKT
PRINT zahl
```

An den mit REM NKT bezeichneten Stellen könnten Sie jetzt z.B. folgende Zeilen einfügen:

```
nachkomma = x - FIX(x)
PRINT "NKT : " nachkomma
```

Um diese beiden Zeilen aus Gründen der übersichtlichkeit nicht fünfmal in den Programmtext kopieren zu müssen, hängen Sie die Zeilen als Unterprogramm an - hierfür müssen Sie die Zeilen durch die Anweisungen

```
SUB nachkommateil
  .....
END SUB
```

als Unterprogramm kenntlich machen und klammern - und rufen es von den mit REM NKT markierten Stellen aus durch "CALL nachkommateil" auf - hierfür brauchen Sie nur mit Hilfe des Editors "REM NKT" durch "CALL nachkommateil" ersetzen zu lassen, vgl. Teil 2.5 .

Wenn Sie das Programm jetzt ablaufen lassen, werden Sie sich wundern, daß, gleichgültig welche Zahl Sie eingeben, 5-mal ein Nachkommateil in Höhe von 0 ausgegeben wird!

Die Ursache liegt darin, daß, anders als beim herkömmlichen BASIC, bei Turbo BASIC

* Variablen, die in einem Unterprogramm aufgeführt sind, grund- *
* sätzlich lokalen Charakter haben und von sogar gleichnamigen *
* Variablen des Hauptprogramms streng getrennt sind, ebenso wie *
* Variablen des Hauptprogrammes einem Unterprogramm nicht zur *
* Verfügung stehen, d.h. von selbst gleichnamigen Variablen *
* eines jeden Unterprogramms streng getrennt sind. *

Die Variable x ist also im Unterprogramm unbekannt und wird auf Null gesetzt - entsprechend verhält sich das Unterprogramm.
Am Ende des Abschnittes 2.3 ist jedoch bereits eine Möglichkeit angedeutet worden, Informationen zwischen Hauptprogramm und Unterprogramm auszutauschen. Wenn Sie in das Unterprogramm als erste Zeile nach dem Unterprogrammkopf die Zeile

```
SHARED x
```

einfügen, haben Sie die Variable x als eine Variable deklariert, in deren Benutzung sich Haupt- und Unterprogramm teilen und die damit innerhalb des Unterprogramms verfügbar ist. Nun erfahren Sie endlich, welche Nachkommastellen bei den verschiedenen Umformungen Ihrer eingegebenen Zahl anfallen.

Für die eingegebene Zahl 7.123 erhalten Sie folgende Ergebnisse:

```
REM Nachkommateil SHARED                Zugeordnete Ergebnisse:
zahl = 7.123
x = zahl
CALL nachkommateil                      NKT :  .1230001449...
x = 4*zahl
CALL nachkommateil                      NKT :  .4920005798...
x = SQR(zahl)
CALL nachkommateil                      NKT :  .6688950061...
x = zahl^0.4
CALL nachkommateil                      NKT :  .1931340694...
x = EXP(zahl)
CALL nachkommateil                      NKT :  .1655273437...

SUB nachkommateil
  SHARED x
  nachkomma = x - FIX(x)
  PRINT "NKT : " nachkomma
END SUB
```

Aber Vorsicht: Was mit einer SHARED-deklarierten Variablen im Unterprogramm passiert, wirkt sich natürlich auch im Hauptprogramm aus, beide teilen sich ja in die gleiche Variable!
In diesem Beispiel ergeben sich nur deshalb keine Auswirkungen, weil "x" im Unterprogramm selbst nicht verändert wird.

4.3 Unterprogramme mit Parametern - Wert- und Referenzaufruf

Eine zweite Möglichkeit des Informationsaustausches zwischen einem Haupt- und einem Unterprogramm, bei dem die Richtung des Informationsflusses differenzierter gesteuert werden kann, ist die Verwendung von (zusätzlichen) Variablen, über die Informationen zwischen Haupt- und Unterprogramm ausgetauscht werden. Derartige Variablen (Parameter genannt) werden in Klammern an den Namen des Unterprogrammes sowohl in der aufrufenden Zeile als auch in der Kopfzeile des Unterprogramms selbst angefügt.

Angenommen, Sie formulieren einen Unterprogrammaufruf und die Kopfzeile des Unterprogrammes selbst wie folgt,

```
CALL nachkommateil(x)
  ....              ↓
SUB nachkommateil(zahl)
```

so wird beim Aufruf die Information bezüglich der Variablen x vom Hauptprogramm an das Unterprogramm gemäß dem eingezeichneten Pfeil übertragen und kann anschließend im Unterprogramm unter der Bezeichnung "zahl" verarbeitet werden.

Die Variable in der aufrufenden Zeile wird als "aktueller Parameter", die Variable im Unterprogrammkopf als "formaler Parameter" bezeichnet. Als aktuelle Parameter können auch Konstante Verwendung finden - doch dazu später.

Die beschriebene Möglichkeit soll zunächst einmal am Nachkommaprogramm getestet werden.

```
REM Nachkomma - Parameter                  Zugeordnete Ergebnisse

zahl = 7.123
v = zahl
CALL nachkommateil(v)                      NKT :  .1230001449...
w = 4*zahl
CALL nachkommateil(w)                      NKT :  .4920005798...
x = SQR(zahl)
CALL nachkommateil(x)                      NKT :  .6688950061...
y = zahl^0.4
CALL nachkommateil(y)                      NKT :  .1931340694...
z = EXP(zahl)
CALL nachkommateil(z)                      NKT :  .1655273437...

SUB nachkommateil(zahl)
  nachkomma = zahl - FIX(zahl)
  PRINT "NKT : " nachkomma
END SUB
```

Durch jeden der Unterprogrammaufrufe erfolgt eine Verknüpfung zwischen dem jeweiligen aktuellen und dem formalen Parameter des Unterprogramms; das Unterprogramm kann daher die Nachkommastellen berechnen und ausdrucken.

Wie Sie an den eingefügten Ergebnissen erkennen, funktioniert der Transport vom Hauptprogramm zum Unterprogramm reibungslos - wie sieht es jedoch in umgekehrter Richtung aus?

Hierzu sollen die Ergebnisse eines kleinen Testprogrammes betrachtet werden.

```
REM Testprogramm - Plus2              Zugeordnete Ergebnisse:
x = 4
CALL plus2(x)
PRINT x                               6
PRINT z                               0

SUB plus2(z)
  x = 0
  INCR x,2
  PRINT x                             2
  INCR z,2
  PRINT z                             6
END SUB
```

Beim Aufruf des Unterprogramms werden x als aktueller Parameter und z als formaler Parameter verknüpft.

Im Unterprogramm wird die Variable x, die von der gleichnamigen Variablen des Hauptprogrammes völlig getrennt ist, auf den Wert Null gesetzt, um 2 erhöht und schließlich mit diesem Wert ausgedruckt.

Die Variable z ist mit der Variablen x (=4) des Hauptprogramms verknüpft; daher wird nach einer Erhöhung von z um 2 im Unterprogramm der Wert 6 ausgedruckt.

Nach Abarbeitung des Unterprogramms werden die beiden Druckanweisungen des Hauptprogrammes ausgeführt. Es wird deutlich, daß die Veränderung, die die Variable z innerhalb des Unterprogramms erfahren hat, auf die Variable x im Hauptprogramm zurückgewirkt hat.

Damit existiert zunächst scheinbar kein Unterschied zwischen einer Verknüpfung durch die Deklaration SHARED und der Verwendung von Parametern.

Es hängt jedoch von der gewählten Form der Parameterformulierung ab, ob eine Rückwirkung des Unterprogramms auf das Hauptprogramm eintritt.

Folgende Möglichkeiten des Aufrufs mittels Parameter existieren: CALL by reference - CALL by value; beide müssen genauer betrachtet werden.

Liegt der <u>aktuelle Parameter</u> beim Aufruf eines Unterprogrammes in Form einer <u>Variablen</u> vor, so werden aktueller und formaler Parameter über die Adresse des aktuellen Parameters verknüpft. Damit sind in diesem Fall während des Unterprogrammaufrufs für Turbo BASIC x und z praktisch die gleiche Variable; alles, was im Unterprogramm mit der Variablen z geschieht, geschieht gleichzeitig der Variablen x des Hauptprogramms; die Wirkung ist also analog der SHARED-Deklaration. SHARED bezieht sich jedoch lediglich auf eine Variable - mit einem formalen Parameter können beliebige aktuelle Parameter verknüpft werden.

Einen derartigen Unterprogrammaufruf nennt man <u>CALL by reference</u> bzw. <u>Adressübergabe</u>, da das Unterprogramm über die Adresse des aktuellen Parameters gewissermaßen "aus der Ferne" direkt die Variablen des Hauptprogramms beeinflußt.

Will man diese Rückwirkung auf das Hauptprogramm ausschließen, so ist die zweite Möglichkeit, <u>CALL by value oder Wertübergabe</u>, zu wählen.
Bei einer Wertübergabe wird eine <u>Kopie</u> des aktuellen Wertes der Variablen des Hauptprogrammes erstellt und dem formalen Parameter des Unterprogramms übergeben - sämtliche Veränderungen beziehen sich nun nur noch auf diese Kopie, und der ursprüngliche Wert im Hauptprogramm bleibt unangetastet.
Formal wird die Möglichkeit der Wertübergabe gewählt, indem man das Unterprogramm mit einer <u>Konstanten als aktuellem Parameter</u> aufruft, etwa durch:

```
CALL nachkomma(7.123)
```

Da sich die Arbeit eines Unterprogrammes jedoch meist auf Variable des Hauptprogrammes bezieht, stellt Turbo BASIC die Möglichkeit zur Verfügung, bei der Formulierung eines Wertaufrufes auch Variable als aktuelle Parameter zu verwenden.

Hierzu muß die entsprechende Variable lediglich in Klammern gesetzt bzw. in einen Term eingefügt werden, z.B.:

```
CALL nachkomma((x))  oder  CALL nachkomma(x+0)
```

In beiden Fällen wird von der Variablen x eine Kopie erstellt, (im zweiten Fall ist der Wert der Kopie um Null Einheiten höher als der Wert von x !), und diese Kopie wird dem Parameter des Unterprogramms übergeben.

Zum Abschluß dieses Punktes noch zwei Bemerkungen:

1) Der formale Parameter selbst ist vom Hauptprogramm aus auf keinen Fall zu erreichen; der Versuch, im Testprogramm Plus2 den formalen Parameter z durch "SHARED z" dem Hauptprogramm verfügbar zu machen, endet mit der Fehlermeldung: "Duplicate variable declaration".

2) Aktuellen und formalen Parametern sowie den Namen der Unterprogramme selbst lassen sich wie anderen Variablen auch Typenbezeichnungen anfügen; vgl. Teil 3.1 .

Die bisherigen Ergebnisse der Abschnitte 4.2 und 4.3 sollen in einer kurzen Übersicht zusammengefaßt werden.

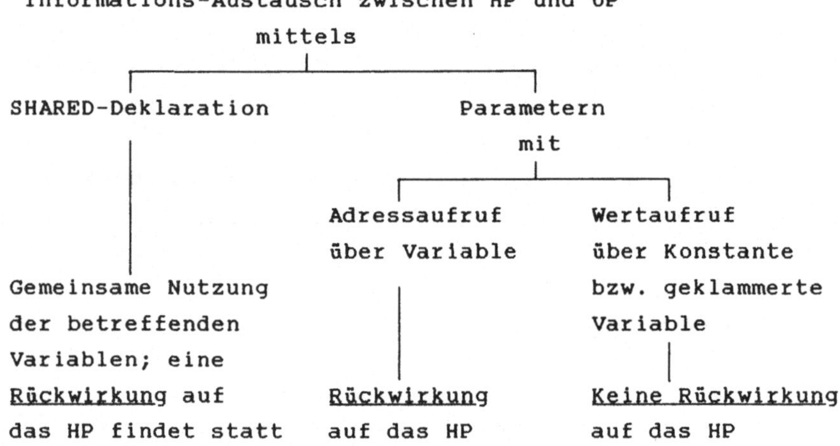

(HP = Hauptprogramm ; UP = Unterprogramm)

4.4 Selbstdefinierte Funktionen und Prozeduren - Gemeinsamkeiten und Unterschiede

Sowohl selbstdefinierte Funktionen als auch Prozeduren stellen Unterprogramme im Sinne der bisherigen Ausführungen der Abschnitte 4.2 und 4.3 dar; in diesem Abschnitt 4.4 soll insbesondere auf die Unterschiede eingegangen werden. Zunächst einmal zum äußeren Aufbau dieser Funktionen und Prozeduren.

Funktion	Prozedur
DEF FNname(evtl. parameterliste)	SUB name(evtl. parameterliste)
Variablendeklarationen	Variablendeklarationen
Anweisungen des Funktions-Rumpfes	Anweisungen des Prozedur-Rumpfes
Der Rumpf muß die Zuweisung "FNname = ermittelter Term" enthalten.	
END DEF	END SUB

Äußerlich haben Funktion und Prozedur nahezu gleiches Aussehen, beide können sowohl numerische Werte als auch Strings bearbeiten.

Der Hauptunterschied zwischen Funktionen und Prozeduren besteht darin, daß eine Funktion stets einen Wert an das Hauptprogramm zurückliefert, wobei der Typ des von der Funktion zurückgelieferten Ergebnisses durch das Typenbezeichnungssymbol des Funktionsnamens festgelegt wird.

Eine Prozedur dagegen gibt keinen Wert an das Hauptprogramm zurück. Sie kann lediglich indirekt die Variablen des Hauptprogrammes mit Hilfe der SHARED-Deklaration bzw. durch einen Adressaufruf bei Prozeduren mit Parametern beeinflussen.

Ein weiterer Unterschied zwischen Funktion und Prozedur besteht in der Form des Aufrufes. Genau wie etwa die bereits behandelten Standardfunktionen SQR(x) oder LEFT$(wort$,4) werden die selbstdefinierten Funktionen lediglich mit ihrem Namen aufgerufen, dem die beiden Buchstaben "FN" vorangestellt sind.

Eine Prozedur dagegen wird mit dem Befehl CALL aufgerufen.

Mit Hilfe eines kurzen Beispielprogrammes sollen die Unterschiede verdeutlicht werden.

Beispiel Fläche - Funktion:

```
laenge = 30.6
breite = 40.15
PRINT FNflaeche(laenge,breite)

DEF FNflaeche&(a%,b%)
  FNflaeche& = a%*b%
END DEF
```

Als Ergebnis wird der Wert 1240 (gleich 31*40) ausgedruckt, d.h. es ist auf- bzw. abgerundet worden. Ursache hierfür ist, daß bei einer Funktion stets ein Wertaufruf erfolgt, selbst wenn der aktuelle Parameter wie hier in Form einer Variablen angegeben ist. Bei einem Funktionsaufruf wird also stets eine Kopie des Wertes des aktuellen Parameters auf den formalen Parameter übertragen; während dieser Übertragung beispielsweise von "laenge" auf "a%" (und damit von Real auf Integer) wird erforderlichenfalls das Format angepaßt.

Das Ergebnis wird als Long-Integer zurückgegeben - was hier sicherlich übertrieben ist!

Die gleiche Aufgabenstellung läßt sich auch mit Hilfe von Prozeduren lösen, allerdings etwas umständlicher. Links ein Adressaufruf - hier müssen aktueller und formaler Parameter in der Typenbezeichnung übereinstimmen; rechts ein Wertaufruf, bei dem aktueller und formaler Parameter vom Typ her differieren können, da hier ja eine Kopie des Wertes zwischengefertigt wird.

Beispiel Fläche - Prozedur:

```
laenge = 30.6
breite = 40.15
CALL flaeche(laenge,breite)
PRINT flaeche&

SUB flaeche(a,b)
SHARED flaeche&
  flaeche& = a*b
END SUB
```

```
laenge = 30.6
breite = 40.15
CALL flaeche((laenge),(breite))
PRINT flaeche&

SUB flaeche(a%,b%)
SHARED flaeche&
  flaeche& = a%*b%
END SUB
```

(Die linke Alternative liefert 1229, die rechte wieder 1240 - das kann doch nur am unterschiedlichen Runden liegen! Gefunden ?)

Deutlich werden hier die Unterschiede zur Funktion: Ohne die Deklaration SHARED hätten beide Prozeduren ihr Ergebnis für sich behalten.

Ein weiterer Unterschied zwischen Prozedur und Funktion ist in der Behandlung nicht deklarierter Variabler zu finden. Eigentlich sollte man ja jede Variable hinsichtlich ihres Geltungsbereiches deklarieren; hat man es aber unterlassen, setzt Turbo BASIC als Ersatzdeklaration bei Variablen, die in Funktionsrümpfen auftauchen, das Attribut SHARED fest, bei Prozeduren jedoch STATIC.

Sämtliche nicht deklarierten Variablen in Funktionen sind also automatisch global und sowohl von der Funktion als auch vom Hauptprogramm aus zu benutzen; eine unterlassene Deklaration von Variablen innerhalb einer Funktion hat also die gleiche Wirkung wie die SHARED-Deklaration von Variablen in einer Prozedur.

Die Ersatzdeklaration STATIC bei nicht deklarierten Variablen in Prozeduren bedeutet, daß diese Variablen nur innerhalb der betreffenden Prozedur nutzbar sind, nach Abarbeiten der Prozedur jedoch nicht gelöscht werden und bei einem erneuten Aufruf der gleichen Prozedur von dieser Prozedur mit dem bisherigen Wert weiter verwendet werden können. Eine fehlende Deklaration ändert also nichts daran, daß bei Prozeduren Variablen des Haupt- und Unterprogrammes prinzipiell getrennt bleiben - nicht deklarierte Variable eines Unterprogrammes werden lediglich nach Verlassen dieses Unterprogramms nicht gelöscht.

Wollen Sie erreichen, daß Variable nach Verlassen eines Unterprogrammes gelöscht werden, so müssen Sie sie als LOCAL deklarieren, d.h. nur innerhalb des Unterprogrammes und nur während der Laufzeit dieses Unterprogrammes nutzbar.
(Besser wäre m.E. die Bezeichung 'FLUECHTIG' o.ä. als Gegensatz zu STATIC gewesen - lokal, d.h. nur im Unterprogramm nutzbar, sind STATIC-Variable ja auch).

Die Wirkungen der drei Variablen-Deklarationen SHARED - STATIC - LOCAL sollen in einer Tabelle noch einmal zusammengefaßt werden.

Variablen-Deklarationen in Funktionen und Prozeduren

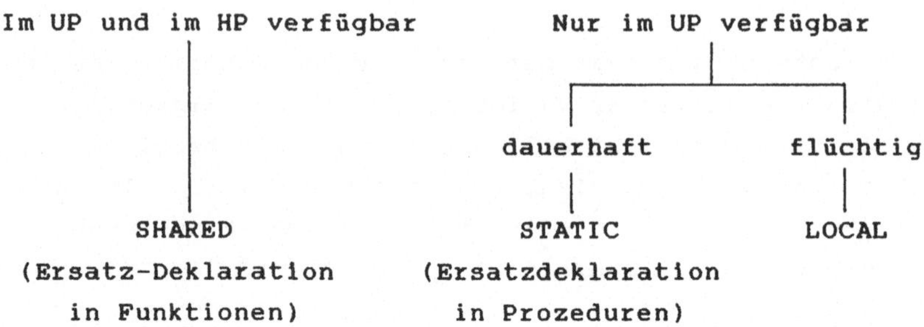

(Ersatz-Deklaration in Funktionen)

(Ersatzdeklaration in Prozeduren)

4.5 Rekursive Aufrufe

In der Sprache Turbo BASIC gibt es die Möglichkeit, Prozeduren und Funktionen nicht nur von einem Hauptprogramm, sondern auch von einer Prozedur bzw. Funktion aus aufzurufen, wobei sich die rufende Prozedur/Funktion zur aufgerufenen Prozedur/Funktion verhält wie die bisher behandelten Hauptprogramme zum Unterprogramm.

Prozeduren und Funktionen können sich auch selbst aufrufen - ein derartiger Aufruf wird als rekursiv bezeichnet.

Beispiel für eine rekursive Funktion, die den Rest der Ganzzahldivision berechnet (entspricht dem Operator MOD):

```
REM Ersatz für MOD

INPUT zaehler
INPUT nenner

PRINT zaehler" MOD "nenner" ergibt : "FNmodulo%(zaehler, nenner)

DEF FNmodulo%(a,b)
  IF a < b THEN
    FNmodulo% = a
  ELSE
    FNmodulo% = FNmodulo%(a-b,b)
  END IF
END DEF
```

Nach Eingabe von 7 und 2 lautet die (korrekte) Ausgabe:

7 MOD 2 ergibt : 1

Diese Funktion bildet den Rest der Ganzzahldivision dadurch, daß fortlaufend der Zähler um den Nenner verkleinert wird und die Funktion sich selbst erneut mit dem verringerten Zähler aufruft (Zeile 5 der Funktion), bis der verringerte Zähler kleiner geworden ist als der Nenner. Erst jetzt wird dieser ganzzahlige Rest durch die dritte Zeile der Funktion an das Hauptprogramm zurückgegeben.

Wichtig für das Verständnis dieser Vorgänge ist die Vorstellung, daß mit jedem erneuten Aufruf der Funktion ein neues "Notizblatt" erstellt wird, auf dem eine Kopie der gerade zu verarbeitenden Werte eingetragen wird, wobei Variablen gleichen Namens auf unterschiedlichen Arbeitsblättern voneinander getrennt verwaltet werden.

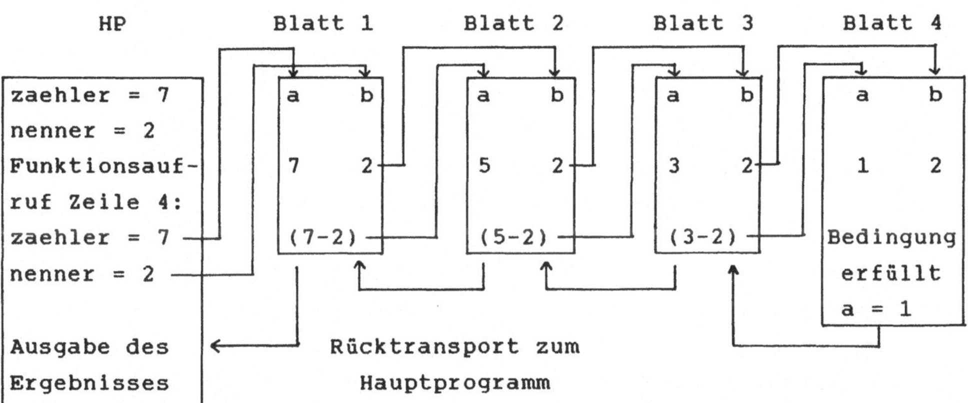

Beim ersten Aufruf der Funktion werden die aktuellen Werte der Parameter zaehler und nenner auf einem Arbeitsblatt unter a und b zwischengespeichert (Sie erinnern sich - bei Funktionen findet stets eine Wertübergabe statt, selbst wenn der aktuelle Parameter eine Variable ist!); bei jedem weiteren Aufruf wird ein weiteres Arbeitsblatt angelegt und die Werte (a-b) und b des ALTEN BLATTES werden unter den Bezeichnungen a bzw. b auf das NEUE BLATT übertragen. Hierbei wird die Variable a des alten Blattes getrennt von der Variablen a des neuen Blattes verwaltet und so fort; diese getrennte Verwaltung sowie das "Mitzählen" der angelegten Arbeits-

blätter wird im Rahmen der rekursiven Aufrufe vom System selbständig erledigt.
(Falls Sie diese Darstellung überprüfen wollen, fügen Sie in die oben dargestellte Funktion als neue erste Zeile den Befehl "PRINT a, b" ein und starten Sie das Programm.)

Da die Informationen auf den Arbeitsblättern getrennt gespeichert bleiben, kann eine rekursiv formulierte Funktion auch auf Informationen auf früher angelegten Arbeitsblättern zurückgreifen, wie dies etwa bei der rekursiven Fakultätsberechnung notwendig wird.
Z.B. ist "5 Fakultät" = 5! = 5*4*3*2*1 . Rekursiv formuliert ist 5! = 5*4!, wobei 4! = 4*3! ist, usw. Um 5! auf diese Weise berechnen zu können, muß zunächst bis 1! = 1 aufgegliedert werden, um dann rückwärts durch Multiplikation den gewünschten Wert zu erhalten.
Rekursiv formulierte Prozeduren bzw. Funktionen sind meist kürzer und übersichtlicher als iterativ formulierte Lösungen der gleichen Probleme - gleichzeitig sollte man jedoch bedenken, daß die wiederholten Aufrufe Speicherplatz und Zeit kosten.

4.6 Verknüpfung von Programmteilen

Turbo BASIC bietet drei einfache Möglichkeiten, Programme bzw. Programmteile zu neuen Programmen zusammenzusetzen.

Hierbei handelt es sich um die Möglichkeiten,
- an Hauptprogramme z.B. universell einsetzbar formulierte Funktionen und Prozeduren per EDITOR anzufügen,
- in Hauptprogramme geeignete Programmteile durch den Compilerbefehl $INCLUDE während der Compilierung einbinden zu lassen, und schließlich,
- Programmteile gegenseitig mittels CHAIN aufrufen und ausführen zu lassen.

4.6.1. Einfügen per Editor

Zur Erläuterung der ersten beiden Möglichkeiten soll folgendes Beispiel benutzt werden, bei dem mit Hilfe zweier Prozeduren je zwei unterschiedliche zweidimensionale numerische Felder eingelesen und anschließend wieder ausgedruckt werden.

Zunächst das komplette Programm.

```
INPUT "Zeilen, Spalten" zl, sp
DIM feld1(1:zl,1:sp), feld2(1:zl,1:sp)
CALL feldeinlesen(feld1(), zl, sp)
CALL feldeinlesen(feld2(), zl, sp)
CALL feldausdrucken(feld1(),zl, sp)
CALL feldausdrucken(feld2(),zl, sp)

SUB feldeinlesen(matrix(2), m,n)
  LOCAL x,z
  FOR x = 1 TO m
    FOR z = 1 TO n
      INPUT matrix(x,z)
    NEXT
  NEXT
END SUB

SUB feldausdrucken (liste(2),p,q)
  LOCAL x,z
  FOR x = 1 TO p
    FOR z = 1 TO q
      PRINT liste(x,z)
    NEXT
  NEXT
END SUB
```

Sie können aus diesem Gesamtprogramm jetzt die beiden Prozeduren abspalten, indem Sie jeweils zunächst mit den Funktionstasten F7 bzw. F8 den Anfang bzw. das Ende einer Prozedur markieren und anschließend mittels Druck auf die Tasten Ctrl-K und W den Block unter einem neuen Namen speichern.
In Zukunft können Sie dann an folgendes (aber eben auch an jedes andere geeignete) Hauptprogramm

```
INPUT "Zeilen, Spalten Matrix1" z1, sp1
INPUT "Zeilen, Spalten Matrix2" z2, sp2
INPUT "Zeilen, Spalten Matrix3" z3, sp3
DIM feld1(1:z1,1:sp1), feld2(1:z2,1:sp2), feld3(1:z3,1:sp3)
CALL feldeinlesen(feld1(), z1, sp1)
CALL feldeinlesen(feld2(), z2, sp2)
CALL feldeinlesen(feld3(), z3, sp3)
CALL feldausdrucken(feld1(),z1,sp1)
CALL feldausdrucken(feld2(),z2,sp2)
CALL feldausdrucken(feld3(),z3,sp3)
```

die Prozeduren einfach anhängen, indem Sie im Editor den Cursor in eine freie Zeile unter das Programm setzen, die Tasten Ctrl-K + R drücken und den Namen der gewünschten Prozedur eintippen.

4.6.2 Compiler-Befehl $INCLUDE

Im Unterschied zur ersten Möglichkeit, bei der der Quelltext selbst zusammengesetzt wird, bleiben bei dieser zweiten Möglichkeit die Bausteine des Gesamtprogramms im Quelltext getrennt.
Der $INCLUDE-Befehl gibt Ihnen die Möglichkeit, von einem Hauptprogramm aus durch $INCLUDE "programmname" (nicht als Stringvariable) während der Compilierung des Hauptprogrammes das gewünschte Programm einbinden und compilieren zu lassen, als wäre es Bestandteil des Quelltextes des Hauptprogrammes. Auf das obige Beispiel bezogen, würde das Hauptprogramm z.B. wie folgt zu ergänzen sein,

```
INPUT "Zeilen, Spalten Matrix1" z1, sp1
INPUT "Zeilen, Spalten Matrix2" z2, sp2
INPUT "Zeilen, Spalten Matrix3" z3, sp3
DIM feld1(1:z1,1:sp1), feld2(1:z2,1:sp2), feld3(1:z3,1:sp3)
CALL feldeinlesen(feld1(), z1, sp1)
CALL feldeinlesen(feld2(), z2, sp2)
CALL feldeinlesen(feld3(), z3, sp3)
CALL feldausdrucken(feld1(),z1,sp1)
CALL feldausdrucken(feld2(),z2,sp2)
CALL feldausdrucken(feld3(),z3,sp3)

$INCLUDE "a:proc01.bas"
$INCLUDE "a:proc02.bas"
REM Eine $INCLUDE-Anweisung sollte nicht als letzten Zeile stehen
```

um genau das gleiche Ergebnis zu erhalten wie bei der Einfügung per Editor - vorausgesetzt, Pfadname und Prozedurname stimmen. Fehlangaben wirken sich hier natürlich erst nach Run aus.
Während der Compilation des Hauptprogrammes werden die Prozeduren eingebunden; tauchen dabei Fehler auf, wechselt das System automatisch in den Editor und der fehlerhafte Programmteil kann überarbeitet werden.

Beachten Sie jedoch bitte: Formulieren Sie keinen $INCLUDE-Befehl in Programm-Schleifen!
Befinden sich in dem einzubindenden Programmteil Prozeduren oder Funktionen, so ist die Wirkung die gleiche, als hätten Sie Prozeduren oder Funktionen geschachtelt, (was nicht zulässig ist) und Turbo BASIC reagiert berechtigterweise mit "Block/scanned statements are not allowed here".
Weiterhin: Eine $INCLUDE-Anweisung muß stets allein in einer Programmzeile stehen.

4.6.3 Verkettung von Teilprogrammen durch CHAIN

Mit dieser dritten Möglichkeit lassen sich leicht Schleifen einander gegenseitig aufrufender Teilprogramme erzeugen.

Demonstrationsbeispiel:

```
REM Beispiel  Dateiverwaltung - CHAIN
REM Dimensionierungsteil DCHAINDM.EXE
DIM feld(1:2, 1:3)
COMMON feld(2)
CHAIN "DCHAINHM.TBC"
REM Ende des Dimensionierungsteils

REM Beispiel  Dateiverwaltung - CHAIN
REM Hauptmenü DCHAINHM.TBC
COMMON feld(2)
DO
  CLS
  PRINT "Hauptmenü"
  PRINT "Datei anlegen/verlängern/speichern.......1"
  PRINT "Datei lesen/ausgeben        .............2"
  PRINT "Daten lesen/sortieren/rückspeichern......3"
  PRINT "Datei lesen/ändern/rückspeichern.........4"
  PRINT "Programmende                .............9"
  INPUT "Ihre Wahl " wahl
  SELECT CASE wahl
  CASE = 1
    CHAIN "ANLEGEN.TBC"
  CASE = 2
    CHAIN "AUSGABE.TBC"
  CASE = 3
    CHAIN "SORTIER.TBC"
  CASE = 4
    CHAIN "AENDERN.TBC"
  CASE = 9
    CHAIN "ENDE.TBC"
  CASE ELSE
    PRINT "Fehleingabe"
  END SELECT
LOOP UNTIL wahl=9

REM 1. Teilprogramm - CHAIN
REM ANLEGEN.TBC
COMMON feld(2)
CLS
PRINT "Datei anlegen, verlängern und speichern"
INPUT "Eingabe des ersten Feldelementes " feld(1,1)
PRINT "Weiter : Bitte  'J' eingeben "
PRINT
DO
  antwort$ = INKEY$
LOOP UNTIL antwort$ = "J"
CHAIN "DCHAINHM.TBC"
REM ENDE Teilprogramm 1
```

```
REM 2. Teilprogramm - CHAIN
REM AUSGABE.TBC
COMMON feld(2)
CLS
PRINT "Datei einlesen und ausdrucken"
PRINT "Ausgabe des ersten Feldelementes " feld(1,1)
PRINT "Weiter : Bitte  'J' eingeben "
PRINT
DO : antwort$ = INKEY$ : LOOP UNTIL antwort$ = "J"
CHAIN "DCHAINHM.TBC"
REM ENDE Teilprogramm 2
```

Im Zusammenhang betrachtet entsprechen die Teilprogramme der Struktur des im Teil 5.3 aufgeführten Dateiverwaltungsprogrammes.
Im ersten Programm "DCHAINDM.EXE" wird ein zweidimensionales numerisches Feld eingerichtet; anschließend ruft dieses Programm den Hauptmenüteil "DCHAINHM.TBC" auf. Dieser Teil ruft in Abhängigkeit von der Eingabe des Benutzers eines der genannten Teilprogramme auf - hier sind lediglich zwei Teilprogramme aufgeführt -, die nach ihrer Abarbeitung wiederum den Hauptmenüteil aufrufen, so daß eine Kette einander gegenseitig aufrufender Teilprogramme entsteht.
Durch die Anweisung "COMMON feld(2)" wird das im ersten Teil eingerichtete zweidimensionale numerische Feld jeweils den aufgerufenen Programmteilen zur Verfügung gestellt. In einer COMMON-Anweisung müssen sowohl im rufenden als auch im aufgerufenen Teilprogramm sämtliche gemeinsam genutzten Felder und Variablen aufgeführt werden, wobei die Bezeichnungen unterschiedlich gewählt werden können, die Reihenfolge jedoch strikt eingehalten werden muß. Bei Feldern wird nur die Anzahl der Dimensionen aufgeführt.

Diese mit CHAIN verketteten Programme können nur von der DOS-Ebene aus gestartet werden. Zunächst ist daher unter Turbo BASIC das Teilprogramm "DCHAINDM" unter diesem Namen zu schreiben.
Anschließend ist im Menü "Options" im Punkt "Compile" die Einstellung "EXE-File" zu wählen; nach Druck auf "ESC" und "C" wird das Programm unter "DCHAINDM.EXE" auf das aktuelle Laufwerk compiliert.
Die übrigen Teilprogramme müssen mit der Einstellung "Chain-File" compiliert werden.
Nach Verlassen von Turbo BASIC kann nun von DOS aus mittels "DCHAINDM" das erste Teilprogramm aufgerufen und damit die gesamte Programmkette gestartet werden.

5 Turbo-BASIC-Beispiele

Einige Vorbemerkungen:

Die Beispiele, die in den folgenden Abschnitten 5.1 bis 5.3 enthalten sind, sollen einige konkretere Einsatzmöglichkeiten der Sprache Turbo BASIC demonstrieren, nachdem die Darstellungen der Kapitel 2 bis 4, deren Beispiele lediglich Demonstrationscharakter hatten, eher dem Ziel dienten, in den Umgang mit Struktogrammen einzuführen bzw. die wichtigsten Turbo-BASIC-Anweisungen kurz zu erläutern.
Die aufgeführten Beispiele sollen Lösungsvorschläge für (zumeist) bekannte Aufgabenstellungen darstellen; es wurde zugunsten einer leichteren Verständlichkeit darauf verzichtet, besonders elegante, zeilensparende Programme zu entwickeln. Wie bereits erwähnt, sind die Beispiele als Anregung gedacht, die aufgeführten Lösungsvorschläge zu überarbeiten, zu verdichten und zu verbessern.

Bei der konkreten Formulierung der Programmzeilen wurde versucht, eine möglichst übersichtliche Darstellung zu finden. So sind sämtliche Schlüsselwörter in GROSSBUCHSTABEN geschrieben worden, die Variablen in kleinbuchstaben - weiterhin wurden die Programmzeilen den zugrundeliegenden Struktogrammen bzw. den Erläuterungen des Abschnittes 2.4 folgend konsequent eingerückt. Abgesehen von wenigen sinnvollen Ausnahmen enthält jede Programmzeile nur eine Anweisung - (ich hoffe jedenfalls, daß mir nicht zu viele Abweichungen von diesen Grundsätzen unterlaufen sind!) so daß aus einem aufgeführten Programmlisting das zugrundeliegende Struktogramm unmittelbar abzulesen ist.

Die Programme der Teile 5.1 und 5.2 sind nur für die Ausgabe auf dem Bildschirm eingerichtet. Wollen Sie auf einem Drucker ausgeben, so wandeln Sie mit Hilfe der "Suchen- und Ersetzen"-Funktion des Editors die enthaltenen PRINT-Anweisungen in LPRINT-Anweisungen um.
Ähnlich einseitig ist (zumeist) die Wahl des Formates der Variablen ausgefallen. Auch hier gilt: Wandeln Sie mit Hilfe des Editors zu Übungszwecken das überwiegend gewählte einfach genaue Real-Format in das Format um, das den Werten, mit denen Sie die Programme testen wollen, besser entspricht.

Die im Rahmen der nachfolgenden Beispiele aufgeführten Programmlistings sind sämtlich Originalprogramme, die lediglich zur Vereinfachung der Manuskripterstellung in den Textblock übernommen und erforderlichenfalls geringfügig bearbeitet wurden.
So mußte das bei der formatierten Ausgabe und beim Schreiben und Lesen in/aus Dateien wichtige Symbol "#" aus drucktechnischen Gründen in ein +-Zeichen umgewandelt und später per Hand zurückkorrigiert werden; ich hoffe, ich habe keines übersehen.
Entsprechend mußte mit dem Symbol für die Integer-Division "\" verfahren werden, hier habe ich als Ersatzsymbol innerhalb des Textblockes ein "`" gewählt.

Von der äußeren Form her werden bei den aufgeführten Beispielen Aufgabenstellung, Angaben zum Verfahren und besondere Hinweise und Erläuterungen aufgeführt; Übungsvorschläge und Kontrollausdrucke konnten aus Raumgründen nicht in jedem Fall angefügt werden.

Im Rahmen der ersten vier Beispiele werden zur Gewöhnung an die in diesem Band vorgeschlagene Vorgehensweise Aufgabenstellung, Problemanalyse, Struktogramm und Codierung vollständig dargestellt - bei den späteren Beispielen mußte auf eine gesonderte Problemanalyse sowie auf die Darstellung der Struktogramme verzichtet werden.

5.1 Vom Umgang mit Zahlen

5.1.1 Wie ermittelt man eigentlich ... ?

Beispiel 1: Rechteck

Aufgabenstellung: Erstellen Sie bitte ein Programm, das nach Eingabe der erforderlichen Werte den Flächeninhalt, den Umfang und die Länge der Diagonalen eines Rechteckes ermittelt und ausdruckt. Die errechneten Werte sind mit einem sinnvollen Kommentar auszugeben.

Problemanalyse:

Einzugeben sind
    die Länge des Rechteckes und
    die Breite des Rechteckes.
Zur Verarbeitung werden die Formeln
    Umfang = 2*(Länge + Breite)
    Fläche = Breite * Länge
    Diagonale = Quadratwurzel aus (Längenquadrat + Breitenquadrat)
benötigt
Ausgegeben werden sollen die Werte für
    Umfang
    Fläche
    Diagonale
in kommentierter Form.

Struktogramm

Eingabe Länge
Eingabe Breite
Umfang := 2*(Länge + Breite)
Fläche := Breite * Länge
Diagonale := $\sqrt{\text{Länge\^{}2 + Breite\^{}2}}$
Drucke: Umfang
Drucke: Fläche
Drucke: Diagonale

Hinweise/Erläuterungen:

Die Ausgabe wird mit Hilfe der TAB-Funktion gesteuert; vgl. Zeilen 10 und 11 des Programms.

Codierung:

```
REM Beispiel 1
REM Programm Rechteck

REM *** Eingabe  ***
INPUT "Länge, Breite   " laenge,breite

REM *** Erarbeitung  ***
umfang=2*(breite+laenge)
flaeche=breite*laenge
diagonale=SQR(laenge^2+breite^2)

REM *** Ausgabe  ***
PRINT TAB(2)"UMFANG:",TAB(15)"Fläche:",TAB(30)"Diagonale:"
PRINT TAB(2)umfang, TAB(15)flaeche, TAB(30)diagonale
```

Ergebnisse:

```
Länge, Breite   ? 4 9
 UMFANG:      Fläche:         Diagonale:
  26           36              9.848857879638672

Länge, Breite   ? 2 12
 UMFANG:      Fläche:         Diagonale:
  28           24              12.16552543640137

Länge, Breite   ? 3 1.8
 UMFANG:      Fläche:         Diagonale:
  9.600000381469727
               5.399999618530273
                               3.498571157455444
```

Übung:

Entwickeln Sie ein Programm zur Ermittlung der Größe der Oberfläche eines Quaders und der Länge seiner Raumdiagonalen.

Beispiel 2: Idealgewicht

<u>Aufgabenstellung</u>: Es ist ein Programm zu erstellen, das folgendes leistet:
Der Computer soll nach Eingabe der erforderlichen Daten auf dem Bildschirm ausgeben, wie hoch Ideal- und Normalgewicht einer bestimmten Person sind.
Dabei sei das Normalgewicht nach der "Formel":

Körperlänge in cm minus 100

zu berechnen. Für Männer betrage das Idealgewicht 90% des Normalgewichtes, für Frauen dagegen nur 85% des Normalgewichtes.

<u>Problemanalyse</u>:

Im Rahmen der Eingabe werden die Angaben
Körperlänge in cm und
Geschlecht (männlich/weiblich) benötigt.
Errechnet wird
das Normalgewicht in kg als (Körperlänge - 100),
sowie
das Idealgewicht
für Frauen als Normalgewicht * 0,85;
andernfalls ergibt sich das Idealgewicht als
Normalgewicht * 0,90

Auszugeben sind Normalgewicht und Idealgewicht

<u>Struktogramm:</u>

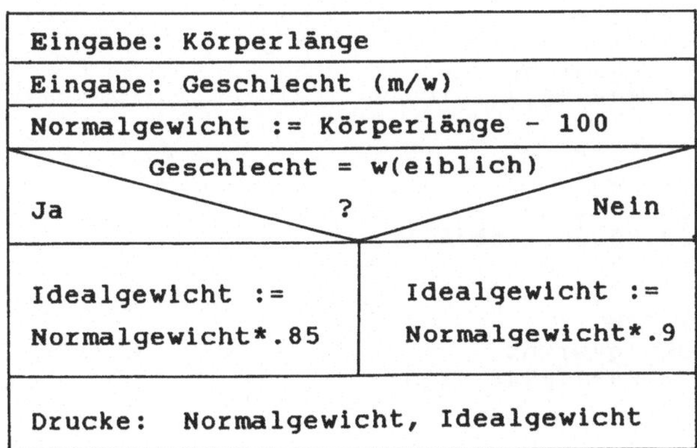

Hinweise/Erläuterungen:
Das Komma bei der Ausgabe der Kommentare sowie der errechneten Werte bewirkt, daß der Cursor auf die nächste voreingestellte Kolonne springt; Kolonnenbreite: 14 Anschläge.

Übung:
Erweitern Sie das Programm in der Weise, daß der Computer bei der Eingabe auch das tatsächliche Gewicht der betreffenden Person erfragt und bei der Ausgabe auch einen Hinweis auf ein evtl. vorhandenes Über- bzw. Untergewicht ausgibt. Damit würde aus diesem Programm wenigstens eine sinnvolle Schlußfolgerung gezogen!

Codierung:

```
REM Beispiel 2
REM Programm Ideal- / Normalgewicht

REM *** Eingabe ****
INPUT "Größe  (in cm )   " groesse
INPUT "Geschlecht (m/w)  " geschlecht$

REM *** Erarbeitung ***
normalgewicht=groesse-100
IF geschlecht$="w" OR geschlecht$="W" THEN
  idealgewicht=normalgewicht*0.85
ELSE
  idealgewicht=normalgewicht*0.9
END IF

REM *** Ausgabe ***
PRINT
PRINT "Normalgewicht","Idealgewicht"
PRINT normalgewicht,idealgewicht
```

Ergebnisse:

```
Größe  (in cm )  ? 174
Geschlecht (m/w) ? m
Normalgewicht Idealgewicht
 74           66.59999847412109

Größe  (in cm )  ? 174
Geschlecht (m/w) ? w
Normalgewicht Idealgewicht
 74           62.90000152587891

Größe  (in cm )  ? 183
Geschlecht (m/w) ? M
Normalgewicht Idealgewicht
 83           74.69999694824219
```

Beispiel 3: Rabattberechnung

<u>Aufgabenstellung</u>:

Zu erstellen ist folgendes Programm:

Nach Eingabe der Menge einer verkauften Ware und dem zugehörigen Stückpreis sind der Bruttowarenwert, der abzuziehende Rabatt sowie der Nettowarenwert kommentiert auszudrucken.

Dabei ist zu gewährleisten, daß bei Bruttowarenwerten von mehr als 1000,- DM 10% Rabatt gewährt wird, bei Bruttowarenwerten von über 100,- DM bis einschließlich 1000,- DM 5% Rabatt und bei Bruttowarenwerten bis zu 100,- DM 0% Rabatt gewährt wird.

<u>Problemanalyse:</u>

Im Rahmen der Eingabe sind

Warenmenge und
Stückpreis einzulesen.

Im Verarbeitungsteil ist

der Bruttowarenwert als Produkt
aus Warenmenge und Preis zu bilden;

anschließend ist

für Bruttowerte größer 1000,- DM
    der Rabatt mit 10% zu ermitteln
andernfalls ist
    für Bruttowerte größer 100,- DM
        der Rabatt mit 5% zu ermitteln
    sonst ist der Rabatt mit 0%
        zu berechnen.

Kommentiert auszugeben sind: Bruttowert, Rabatt, Nettowert.

Struktogramm:

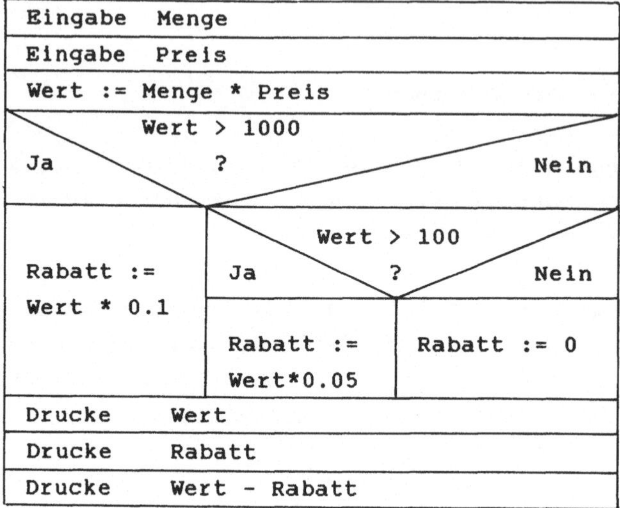

Hinweise/Erläuterungen:

Diese geschachtelten Auswahlstrukturen lassen sich mit Hilfe einer IF ... ELSEIF ... ELSE ... END IF - Struktur vereinfacht darstellen.

Codierung:

```
REM Beispiel 3
REM Programm Rabattberechnung

REM *** Eingabe ***
INPUT "Warenmenge   " menge
INPUT "Preis        " preis

REM *** Erarbeitung ***
wert=menge*preis
IF wert>1000 THEN
  rabatt=wert*0.1
ELSEIF wert>100 THEN
  rabatt=wert*0.05
ELSE
  rabatt=0
END IF

REM *** Ausgabe ***
PRINT "Bruttowert","Rabatt","Nettobetrag"
PRINT wert,rabatt,wert-rabatt
```

<u>Ergebnisse</u>:

```
Warenmenge   ? 100
Preis        ? 10.5
Bruttowert     Rabatt          Nettobetrag
 1050           105             945

Warenmenge   ? 100
Preis        ? 8.5
Bruttowert     Rabatt          Nettobetrag
 850            42.5            807.5

Warenmenge   ? 100
Preis        ? 0.5
Bruttowert     Rabatt          Nettobetrag
 50             0               50
```

Übung:

Ergänzen Sie das Programm unter Berücksichtigung der PRINT USING - Möglichkeiten dergestalt, daß eine übersichtliche Gesamttabelle für die Lieferung mehrerer Waren erstellt wird und zusätzlich die Summen der Bruttowerte, Rabatte und Nettowerte in einer Summenzeile ausgedruckt werden.

Beispiel 4: Arithmetisches Mittel

<u>Aufgabenstellung</u>:
Schreiben Sie ein Programm, das eine beliebige Zahl von Tankquittungen, auf denen neben der getankten Benzinmenge auch die Zahl der seit dem letzten Tanken gefahrenen Kilometer notiert ist, auswertet. Eingegeben werden müssen also die Zahl der gefahrenen Km und die jeweils nachgefüllte Benzinmenge; ausgedruckt werden soll der Durchschnittsverbrauch auf 100 Km. Das Programm soll durch die Eingabe von 0 Km bzw. 0 Litern beendet werden.

Anmerkung:

Gesamtstrecke und Gesamtliterzahl sollen vor der ersten Eingabe auf Null gesetzt werden. Das ist zwar nicht unbedingt erforderlich, Turbo BASIC setzt unbekannte Variable ohnehin auf Null, es ist aber immer empfehlenswert, den Ausgangswert einer Variablen selbst zu bestimmen.

<u>Problemanalyse</u>: (Arithmetisches Mittel)

Einzugeben sind wiederholt

gefahrene Kilometer und
nachgefüllte Benzinmenge

Diese Angaben sind jeweils zur bisherigen Gesamtstrecke bzw. zur bisherigen Gesamtliterzahl hinzuzuzählen.

Eingabe und Addition sind abzubrechen, wenn kein weiterer Tankbon vorhanden ist; signalisiert wird dies durch Eingabe einer 0 für Km und Literzahl.

Anschließend ist der Durchschnittsverbrauch zu ermitteln und auszudrucken.

<u>Struktogramm:</u>

```
+------------------------------------------+
| Ausgabe Erläuterungen                    |
+------------------------------------------+
| Gesamtstrecke    := 0                    |
| Gesamtverbrauch  := 0                    |
+------------------------------------------+
| W. |                                     |
|    | Eingabe:  Km                        |
|    | Eingabe:  Liter                     |
|    | Gesamtstrecke:   + Km               |
|    | Gesamtverbrauch: + Liter            |
|    +-------------------------------------+
| bis Km = 0                               |
+------------------------------------------+
| Durchschnittsverbrauch :=                |
| Gesamtverbrauch*100/Gesamtstrecke        |
+------------------------------------------+
| Drucke Kommentar                         |
| Drucke Durchschnittsverbrauch            |
+------------------------------------------+
```

Codierung:

```
REM Beispiel 4
REM Programm Arithmetisches Mittel

PRINT "Geben Sie bitte KM und nachgefüllte Benzinmenge ein."
PRINT "Abbruch durch Eingabe einer 0 bei beiden Angaben."
PRINT

gesamtstrecke=0: gesamtverbrauch=0

DO
  INPUT "Kilometer :" km
  INPUT "Liter     :" liter
  INCR gesamtstrecke, km: INCR gesamtverbrauch, liter
LOOP UNTIL km=0

durchschnittsverbrauch=gesamtverbrauch*100/gesamtstrecke

PRINT "Durchschnittsverbrauch auf 100 KM : ";
PRINT durchschnittsverbrauch " Liter"
```

Übung:

Ändern Sie das Programm so ab, daß immer nur der aktuelle Kilometerstand jedes Tankbons einzugeben ist; die Differenz zum Km-Stand der vorherigen Eingabe ist im Rahmen des Programms zu ermitteln. Überlegen Sie, ob hierfür die Tankbons nach steigenden Km-Zahlen zu sortieren sind und lassen Sie erforderlichenfalls einen entsprechenden Kommentar ausgeben.

Wenn Sie als erste Werte zwei Nullen eingeben, erhalten Sie den Runtime-Fehler "Division durch Null". Ergänzen Sie das Programm dergestalt, daß dieser Fall abgefangen wird.

Und schließlich: Es ist unbefriedigend, zwei Nullen eingeben zu müssen, um das Programm zu beenden. Ändern Sie das Programm dergestalt, daß bereits durch die Eingabe einer Null bei der Kilometerzahl die Schleife verlassen wird. Prüfen Sie, ob die Konstruktion einer "Endlosschleife" mit

```
DO   ...   EXIT LOOP   ...   LOOP
```

hier verwendbar ist.

Innerhalb der ersten 4 Beispiele sind somit die Grundelemente der heranzuziehenden Programmstrukturen SEQUENZ, AUSWAHL und WIEDERHOLUNG noch einmal in Struktogrammen dargestellt worden; im Rahmen der folgenden Beispiele werden Struktogramme aus Platzgründen nicht mehr aufgeführt.

Beispiel 5: Zahlenfolge

Aufgabenstellung:

Von der arithmetischen Folge erster Ordnung " 2, 5, 8, 11, ..." sollen mit Hilfe einer Zählschleife die ersten 20 Glieder auf den Bildschirm geschrieben werden. Dabei ist die verwendete Schleifenvariable direkt zu nutzen.

Hinweise/Erläuterungen:

Die Zahlen sind so ausgewählt worden, daß sie kein Vielfaches der Differenz dieser Zahlenfolge bilden. Daher bietet sich hier an, die Zählvariable mit der Differenz zu multiplizieren und den so erhaltenen Wert geeignet zu verändern. Aufgelistet sind zwei mögliche Lösungen.

```
REM Beispiel 5 / 01
REM Zahlenfolge 01

FOR zahl=1 TO 20
 PRINT 3*zahl-1;
NEXT
```

```
REM Beispiel 5 / 02
REM Zahlenfolge 02

FOR zahl=0 TO 19
  PRINT 3*zahl+2;
NEXT
```

Ergebnisse:

2 5 8 11 14 17 20 23 26 29 32 35 38 41 44 47 50 53 56 59

Übung:

Gegeben ist eine arithmetische Folge zweiter Ordnung " 2, 7, 15, 26, 40, ...". Schreiben Sie bitte ein Programm, das die ersten 20 Glieder dieser Folge ausdruckt.

Hinweis: Die Differenzen der Glieder einer arithmetischen Folge 2. Ordnung bilden eine arithmetische Folge 1. Ordnung.

Beispiel 6: Fibonacci - Zahlen

Aufgabenstellung:

Die Zahlenfolge " 1, 1, 2, 3, 5, 8, 13, 21, ... " ist unter den Bezeichnungen "Kaninchen-Zahlen" oder "Fibonacci-Folge" bekannt. Schreiben Sie ein Programm, das ein bestimmtes Glied dieser Zahlenfolge berechnet und ausdruckt.

Der Index der Glieder dieser Folge wird dabei üblicherweise von 0 an gezählt, so daß gilt: f(6) = 13 .

Verfahren:

Ein bestimmtes Folgeglied wird durch die Addition der beiden vorangehenden Glieder ermittelt, wobei die ersten beiden Glieder jeweils mit dem Wert 1 festgelegt sind.

Formal: f(n) := f(n-1) + f(n-2)   mit f(0) := 1 ; f(1):= 1

Um ein bestimmtes Glied zu berechnen, braucht man dieses Bildungsgesetz lediglich auf die Glieder 2 bis zum gewünschten Glied anzuwenden.

Übungen:

Gestalten Sie das Programm so um, daß die Rechenarbeit nur einmal geleistet werden muß. Hierfür sind die Folgeglieder in einer Liste zu speichern, aus der sie später direkt abgerufen werden können.

```
REM Beispiel 6
REM Fibonacci - Zahlen
REM f(0) = 1 ; f(1) = 1
REM f(n) = f(n-1) + f(n-2)

INPUT "Welches Folgeglied soll ermittelt werden " x
DIM f(0:x)
f(0)=1
f(1)=1
FOR index=2 TO x
  f(index)=f(index-1)+f(index-2)
NEXT
PRINT "f(";x;") = ";f(x)
```

Beispiel 7: Mini/Max

Aufgabenstellung:

Schreiben Sie ein Programm, bei dessen Ablauf dem Computer nacheinander 10 Zahlen eingegeben werden. Im Anschluß an diese Eingabe soll der Computer die niedrigste und die höchste der eingegebenen Zahlen ausdrucken. Es ist nicht erforderlich, die eingegebenen Zahlen einzeln zu speichern.

Verfahren:

Die erste eingegebene Zahl muß sowohl als bisheriges Minimum als auch als bisheriges Maximum gespeichert werden. Für jede der nachfolgend eingegebenen Zahlen 2 bis 10 wird geprüft, ob sie größer ist als das bisherige Maximum bzw. kleiner ist als das bisherige Minimum; in diesen Fällen wird das bisherige Maximum bzw. Minimum durch den aktuellen Wert überschrieben.

Hinweise/Erläuterungen:

In Zeile 6 wird die Laufvariable auf den Schirm gedruckt, durch das Semikolon wird der Zeilenvorschub unterdrückt und damit wird nach diesem Wert der Kommentar der Zeile 7 geschrieben und die betreffende Zahl angefordert.

In den Zeilen 15 und 16 werden Zeichenketten bzw. Variablen ausgedruckt. Die Trennung durch ein Komma bewirkt, daß die folgende Zeichenkette bzw. der folgende Wert in der gleichen Zeile in die nächste vordefinierte Kolonne von 14 Stellen Breite geschrieben wird. Bei der Ausgabe von Zahlen ist die erste Druckposition jeweils für ein eventuelles Vorzeichen reserviert.

Übungen:

Schreiben Sie das Programm so um, daß die eingegebenen Zahlen zunächst sämtlich einzeln gespeichert werden und erst dann das Minimum bzw. das Maximum dieser Zahlen festgestellt wird.

```
REM Beispiel 7
REM Mini/Max

INPUT " 1 . Zahl " x
max=x : min=x

FOR anzahl=2 TO 10
  PRINT anzahl;
  INPUT ". Zahl " x
  IF x>max THEN
    max=x
  ELSEIF x<min THEN
    min=x
  END IF
NEXT

PRINT
PRINT "Maximum","Minimum"
PRINT max,min
```

```
REM Beispiel 8
REM Extremwertproblem

INPUT "Wie lang ist der Elektrodraht  " laenge
max=0

FOR a=0 TO laenge/2
  b=laenge/2-a
  flaeche=a*b
  IF flaeche>max THEN
    max=flaeche : aopt=a : bopt=b
  END IF
NEXT

PRINT
PRINT "Seite a:","Seite b:","Fläche:"
PRINT aopt,bopt,max
```

Ergebnisse:

```
Wie lang ist der Elektrodraht  ? 100

Seite a:       Seite b:       Fläche:
 25             25             625


Wie lang ist der Elektrodraht  ? 10000

Seite a:       Seite b:       Fläche:
 2500           2500           6250000
```

Beispiel 8: Extremwertproblem

Aufgabenstellung:

Zur Einführung in das Gebiet der Ermittlung von Extremwerten unter Berücksichtigung einschränkender Nebenbedingungen finden sich in jedem Mathematikschulbuch einfache Aufgaben der folgenden Art, die wegen ihrer ganzzahligen Lösungen durch Probieren gelöst werden können.
Gegeben sei folgendes Problem: Auf einer Kabeltrommel befinden sich noch 100 Meter Elektro-Weidedraht. Wie groß ist die größte rechteckige Weidefläche, die man mit Hilfe dieser 100 Meter Draht einzäunen kann?
Schreiben Sie ein Programm, mit dessen Hilfe diese Aufgabe ohne Rückgriff auf die Differentialrechnung gelöst wird.

Verfahren:

Die Lösung ist durch Probieren zu ermitteln. Da es sich um ein Rechteck handeln soll, müssen zwei angrenzende Seiten zusammen genau 50 Meter lang sein. Diese Strecke wird mit der Schrittweite 1 in die Teilstrecken a und b aufgeteilt. Das größtmögliche Produkt von a und b wird zusammen mit der zugehörigen Länge der Teilstrecken a und b gespeichert und anschließend ausgedruckt.

Hinweis:

Die Aufgabe ist so gewählt, daß die korrekte Lösung in einer ganzzahligen Meterangabe besteht. Falls Sie andere Aufgaben in kleineren Einheiten durchprobieren lassen wollen, geben Sie die Ausgangswerte in der kleineren Einheit an, d.h. hier z.B. in 10000 cm. Wegen der Rechnerungenauigkeiten sollten Sie die Schrittweite von Zählschleifenvariablen nicht zu weit verringern.

Übungen:

Lassen Sie durch ein Programm folgende Behauptung für beliebige ganze Zahlen testen :
Wird eine ganze Zahl in zwei gleich große Summanden zerlegt, so ist die Summe der Quadrate der beiden Summanden minimal.

Beispiel 9: Kubikwurzel

Aufgabenstellung:

Nach dem Newton'schen Näherungsverfahren soll die dritte Wurzel einer beliebigen Zahl ermittelt werden.

Verfahren:

Bei dem angewandten Verfahren wird die Formel:

```
xn = (2*xa + x/xa^2)/3
```

benutzt, wobei xn den jeweils neuen, xa den bisherigen Näherungswert bezeichnet und x diejenige Zahl darstellt, aus der die dritte Wurzel zu ziehen ist.
Durch Anwendung dieser Formel wird wiederholt ein neuer Näherungswert berechnet, der beim darauffolgenden Durchgang an die Stelle des bisher benutzten Wertes xa tritt (Zeile 8). Dieser Vorgang soll solange wiederholt werden, wie alter und neuer Näherungswert noch differieren.
Da das Abbruchkriterium bei der verwendeten Schleife bereits im Schleifenkopf überprüft wird, müssen vor Eintritt in die Schleife für xa und xn zwei unterschiedliche Ausgangswerte existieren. Als Ausgangswert xa wird die Zahl x selbst benutzt; der erste (neue) Näherungswert ist hier willkürlich mit xn = x/3 festgelegt.

Übungen:

Die hier dargestellte Lösung ist insofern unbefriedigend, als sie sich bei der Formulierung des Abbruchkriteriums einfach auf die Begrenztheit der Zahlendarstellung im Computer verläßt.

Formulieren Sie das Programm so um, daß ein "sichtbares" Abbruchkriterium genutzt wird.

```
REM Beispiel 9
REM Kubikwurzel / Newton-Verfahren

CLS : REM Schirm löschen
INPUT "Von welcher Zahl ist die 3. Wurzel zu berechnen " x
xa=x
xn=x/3

WHILE xn <> xa
  xa=xn
  xn=(2*xa+x/xa^2)/3
WEND

PRINT
PRINT "Die dritte Wurzel aus ";x;" lautet : ";xn
```

Ergebnisse:

```
Von welcher Zahl ist die 3. Wurzel zu berechnen ? 8

Die dritte Wurzel aus  8  lautet :  2


Von welcher Zahl ist die 3. Wurzel zu berechnen ? -900

Die dritte Wurzel aus  -900  lautet : -9.65489387512207
```

```
REM Beispiel 10
REM Quersumme + querprodukt
INPUT "Zu verarbeitende Zahl    " zahl
querprodukt=1 : quersumme=0
exponent=FIX(LOG10(zahl))

FOR lv=exponent TO 0 STEP -1
  ziffer=(zahl \ (10^lv))
  INCR quersumme, ziffer
  querprodukt=querprodukt*ziffer
  zahl=(zahl MOD (10^lv))
NEXT

PRINT "Quersumme   = ";quersumme
PRINT "Querprodukt = ";querprodukt
```

Ergebnisse:

```
Zu verarbeitende Zahl    ? 123
Quersumme   =  6
Querprodukt =  6


Zu verarbeitende Zahl    ? 12345
Quersumme   =  15
Querprodukt =  120
```

Beispiel 10: Quersumme

Aufgabenstellung:

Von einer einzugebenden Zahl sollen die Quersumme und das Querprodukt der einzelnen Ziffern gebildet werden.

Verfahren:

Zur Isolierung der einzelnen Ziffern wird auf die Zehnerpotenz der eingegebenen Zahl zurückgegriffen.

Beispiel:

Eingegebene Zahl : 2345

Die in dieser Zahl enthaltene höchste Zehnerpotenz ist 10^3; dieser Exponent wird in der 5. Zeile des Programms mit Hilfe der LOG-Funktion ermittelt.
Der Logarithmus zur Basis 10 einer Zahl ist derjenige Wert, mit dem man 10 potenzieren muß, um den Wert der betreffenden Zahl zu erhalten. Die Funktion FIX ermittelt den gesuchten ganzzahligen Wert des Exponenten.

Die erste Ziffer von links, die 2, kann nun ermittelt werden, indem die eingegebene Zahl durch die enthaltene Zehnerpotenz (hier 10^3) ganzzahlig dividiert wird (Zeile 7) .

Anschließend wird die bisherige Zahl ersetzt durch den Rest der gerade ausgeführten Ganzzahldivision (Zeile 10); mit einem um 1 verringerten Exponenten wird ab Zeile 6 der beschriebene Vorgang wiederholt, bis der Exponent auf 0 verringert wurde.

Übung:
Stellen Sie dieses Programm auf sinnvolle Variablendeklarationen um.
Erweitern Sie das vorliegende Programm darüberhinaus so, daß bereits der Versuch der Eingabe einer Real-Zahl zurückgewiesen wird.

Beispiel 11: Zahlenumwandlung

Aufgabenstellung:

Es ist ein Programm zu schreiben, das eine Dezimalzahl in eine Zahl eines beliebigen anderen Zahlensystems mit einer Basis kleiner 10 umwandelt.

Verfahren:

Eine bekannte Umrechnungstechnik besteht darin, die umzuwandelnde Dezimalzahl durch die neue Basis zu dividieren. Dabei bildet der ganzzahlige Anteil den neuen Dividenden, der dann weiter durch die gewünschte Basis dividiert wird; die entstehenden ganzzahligen Divisionsreste bilden in umgekehrter Reihenfolge gelesen die gesuchte Zahl. Das Verfahren ist genau dann beendet, wenn das Ergebnis der Ganzzahldivision gleich 0 ist.

```
Beispiel:        10 : 2  =  5   Rest 0
                  5 : 2  =  2    "   1
                  2 : 2  =  1    "   0
                  1 : 2  =  0    "   1
```

Die Umwandlung der Dezimalzahl 10 in eine Dualzahl ergibt also die Ziffernfolge 1 0 1 0 .

Hinweise/Erläuterungen:

Bei dem nachfolgend aufgeführten Programm werden die Divisionsreste sofort stellenrichtig d.h. von rechts nach links in der Reihenfolge ihrer Ermittlung in eine vorher dimensionierte Liste eingetragen, deren Stellenzahl in Zeile 7 berechnet wird. Ab Zeile 17 wird diese Liste von links beginnend Stelle für Stelle ausgedruckt.

Übungen:

Schreiben Sie ein hierzu "inverses" Programm, d.h. ein Programm, bei dem durch fortgesetzte Multiplikation mit der Basis eine Zahl eines beliebigen Systems in eine Dezimalzahl rückgewandelt wird.

```
REM Beispiel 11
REM Zahlenumwandlung

INPUT " Zahl des Dezimalsystems   : " zahl
INPUT " Basis neues Zahlensystem : " basis
PRINT
PRINT "Dezimalzahl              ";zahl
stellenzahl=INT(LOG10(zahl)/LOG10(basis))+1
DIM ergebnis(1:stellenzahl)

feldnr=stellenzahl
DO
  rest=zahl MOD basis : REM Darf man diese beiden
  zahl=zahl \ basis   : REM Zeilen vertauschen ??
  ergebnis(feldnr)=rest
  DECR feldnr
LOOP UNTIL zahl=0

PRINT "ergibt zur Basis ";basis;": ";
FOR feldnr=1 TO stellenzahl
  PRINT ergebnis(feldnr);
NEXT

PRINT
PRINT
```

Ergebnisse:

```
 Zahl des Dezimalsystems  : ? 8
 Basis neues Zahlensystem : ? 2

Dezimalzahl             8
ergibt zur Basis  2 :   1  0  0  0


 Zahl des Dezimalsystems  : ? 1000
 Basis neues Zahlensystem : ? 2

Dezimalzahl             1000
ergibt zur Basis  2 :   1  1  1  1  1  0  1  0  0  0


 Zahl des Dezimalsystems  : ? 500
 Basis neues Zahlensystem : ? 2

Dezimalzahl             500
ergibt zur Basis  2 :   1  1  1  1  1  0  1  0  0


 Zahl des Dezimalsystems  : ? 500
 Basis neues Zahlensystem : ? 3

Dezimalzahl             500
ergibt zur Basis  3 :   2  0  0  1  1  2
```

Beispiel 12: Primzahlensieb

Aufgabenstellung:

Die Primzahlen von 1 bis 1000 sind durch ein Streichungsverfahren zu ermitteln.

Verfahren:

Als Grundlage wird wie im Beispiel 11 ein numerisches Feld angelegt, hier mit 1000 Elementen. Von Interesse sind nur die Indizes der Feldelemente.

Beim Streichungsverfahren selbst kann man wie folgt vorgehen:
Der Index 1 bleibt unbehelligt. Anschließend geht man die Zahlen 2, 3, 4, 5, ... durch, läßt die betreffende Zahl selbst stehen, streicht aber sämtliche Zwei- und Mehrfachen dieser Zahl. Das Streichen wird durch das Setzen einer 1 in dem betreffenden Feldelement symbolisiert.

Wie man sich leicht überlegen kann, genügt es, bei den Zahlen 2, 3, 4, 5, ... nur bis zur 500 vorzugehen, da beispielsweise die Zahl 501 selbst ja nicht für Streichungen infrage käme sondern nur ihre Vielfachen, diese aber bereits außerhalb des gewählten Intervalls liegen.

Anschließend wird das Feld von links beginnend gelesen und sämtliche Feldindizes werden ausgedruckt, bei denen keine Streichung vorgenommen wurde, deren Feldelemente also immer noch den Wert Null haben.

Hinweise/Erläuterungen:

Selbst wenn man sich auf Indizes bis 500 beschränkt, wird das Produkt von i und j bis auf 250000 ansteigen; ein Versuch, hier etwas in das Feld zu schreiben, muß mit einem run-time-error enden, da das Feld nur auf 1000 Stellen dimensioniert wurde. Ein derartiger Versuch wird in Zeile 6 verhindert.

Übungen:

Bei diesem Verfahren werden viele Streichungen doppelt ausgeführt.

Wenn bereits alle Vielfachen von 4 gestrichen sind, brauchten z.B. die Vielfachen von 8 nicht mehr gestrichen zu werden, da ja beispielsweise gilt:

6*4 = 3*8

Verbessern Sie das Programm entsprechend.

```
REM Beispiel 12
REM Primzahlensieb

DIM feld(1:1000)
FOR i=2 TO 500
  FOR j=2 TO 500
    IF i*j<=1000 THEN feld(i*j)=1
  NEXT
NEXT
FOR i=1 TO 1000
  IF feld(i)=0 THEN PRINT i;
NEXT
```

<u>Ergebnisse</u>:

```
 1  2  3  5  7  11  13  17  19  23  29  31  37  41  43  47
53  59  61  67  71  73  79  83  89  97  101  103  107  109
113  127  131  137  139  149  151  157  163  167  173  179
181  191  193  197  199  211  223  227  229  233  239  241
251  257  263  269  271  277  281  283  293  307  311  313
317  331  337  347  349  353  359  367  373  379  383  389
397  401  409  419  421  431  433  439  443  449  457  461
463  467  479  487  491  499  503  509  521  523  541  547
557  563  569  571  577  587  593  599  601  607  613  617
619  631  641  643  647  653  659  661  673  677  683  691
701  709  719  727  733  739  743  751  757  761  769  773
787  797  809  811  821  823  827  829  839  853  857  859
863  877  881  883  887  907  911  919  929  937  941  947
953  967  971  977  983  991  997
```

Beispiel 13: Funktionstabelle

Aufgabenstellung:

Schreiben Sie ein Programm, das für eine beliebige Anzahl einzugebender Argumente die Werte der Funktion y = x^2 sowie die einiger trigonometrischer Funktionen ermittelt. Auszudrucken sind die eingegebenen Argumente und die errechneten Funktionswerte in Form einer Wertetabelle.
Dabei sollen die eingegebenen Argumente und die Werte der Funktion y = x^2 vor dem Ausdrucken gespeichert werden; die zu ermittelnden Werte der trigonometrischen Funktionen sind lediglich auszudrukken.

Verfahren:

Die eingegebenen Argumente und der Funktionswert y = x^2 werden in zwei eindimensionalen Feldern gespeichert (Zeilen 8 und 9) und nach Druck des Tabellenkopfes ausgegeben; die Werte der trigonometrischen Funktionen werden erst im Rahmen der Druckanweisungen ermittelt.

Hinweise/Erläuterungen:

Die geordnete Ausgabe der Tabelle erfolgt mit Hilfe der TAB( )-Funktion; das Programm enthält keine Zulässigkeitsprüfungen.

Übungen:

Wandeln Sie das Programm so um, daß sowohl der Tabellenkopf als auch die Zahlenkolonnen mit Hilfe von Zeilenmasken gedruckt werden.
Fügen Sie weitere Funktionen hinzu und ergänzen Sie das Programm um evtl. erforderliche Zulässigkeitsprüfungen hinsichtlich der einzugebenden Argumente.
Lassen Sie sowohl die eingegebenen Argumente als auch sämtliche errechneten Funktionswerte in einem zweidimensionalen Feld speichern und erst anschließend ausdrucken.

```
REM Beispiel 13
REM Funktionstabelle

INPUT "Wieviel Argumente :" anzahl
DIM x(1:anzahl)
DIM y(1:anzahl)

CLS
FOR lv=1 TO anzahl
  INPUT "Argument: " x(lv)
  y(lv)=x(lv)^2
NEXT
PRINT "x";TAB(8);"x^2";TAB(19);"sin (x)";TAB(42);"tan (x)";_
      TAB(65);"atn (x)";
PRINT "---------------------------------------";
PRINT "---------------------------------------",
PRINT
FOR lv=1 TO anzahl
  PRINT x(lv);TAB(8);y(lv);TAB(15);SIN(x(lv));TAB(38);TAN(x(lv));_
        TAB(61);ATN(x(lv))
NEXT
```

Ergebnisse:

```
x       x^2         sin (x)                tan (x)
-----------------------------------------------------------------------
-5      25     .9589242746631385       3.380515006246586
-4      16     .7568024953079283      -1.157821282349578
-3      9     -.1411200080598672       .1425465430742778
-2      4     -.9092974268256817       2.185039863261519
-1      1     -.8414709848078965      -1.557407724654902
 0      0      0                       0
 1      1      .8414709848078965       1.557407724654902
 2      4      .9092974268256817      -2.185039863261519
 3      9      .1411200080598672      -.1425465430742778
 4      16    -.7568024953079283       1.157821282349578
 5      25    -.9589242746631385      -3.380515006246586
```

```
     atn (x)
------------------
-1.373400766945016
-1.325817663668032
-1.249045772398254
-1.107148717794091
-.7853981633974483
 0
.7853981633974483
1.107148717794091
1.249045772398254
1.325817663668032
1.373400766945016
```

Beispiel 14: Umfüllproblem

Aufgabenstellung:

In einem Faß befinden sich noch einige Liter Wein. Da dieses Faß plötzlich leck wird, soll der restliche Wein in Flaschen umgefüllt werden.
Im Keller lagern Flaschen in drei unterschiedlichen Größen (fg1, fg2, fg3); es sind jeweils genug Flaschen, um den Wein notfalls allein in eine Flaschensorte umfüllen zu können.
Formulieren Sie bitte ein Programm, das für frei wählbare Weinmengen und Flaschengrößen (Angaben jeweils in Litern) ausdruckt, auf welche Kombinationen von Flaschenzahlen der Weinrest so abgefüllt werden kann, daß jede Flasche vollständig gefüllt wird und kein Liter Wein im Faß verbleibt.

Hinweise/Erläuterungen:

Hier bietet sich das Arbeiten mit geschachtelten Zählschleifen an.
Als Ausgangswerte setzt man eine Flasche der Größe fg1 und eine Flasche der Größe fg2 und läßt nun als innere Schleife die Anzahl der Flaschen Größe fg3 hochzählen. Innerhalb dieser Schleife werden die Flaschenzahlen mit den Literangaben der Flaschen multipliziert; ist diese Zahl gerade gleich der Literzahl des Weinrestes, so ist eine zulässige Kombination gefunden worden und diese Kombination kann ausgedruckt werden.
In den folgenden Durchgängen erhöhen sich bei der mittleren und schließlich bei der äußeren Schleife die Werte der Schleifenvariablen jeweils um 1 bis zur Höchstzahl für den betreffenden Flaschentyp; auf diese Weise werden alle denkbaren ganzzahligen Zusammenstellungen von Flaschenzahlen berücksichtigt.
Die Höchstzahl jedes Flaschentyps läßt sich ermitteln, indem man die Literzahl des Weinrestes durch die jeweilige Flaschengröße teilt und den ganzzahligen Ergebnisanteil berücksichtigt, vgl. Integerdivision in den Schleifenköpfen.
(Beispiel: 100 Liter Wein umgefüllt auf 3-Liter-Flaschen ergibt 33 1/3 Flaschen; maximal 33 Flaschen können also vollständig gefüllt werden).

Übungen:

Formulieren Sie nach diesem Muster ein Programm, mit dessen Hilfe z.B. ein Busreiseunternehmen für jede gewünschte Teilnehmerzahl feststellen kann, welche Kombinationen der verschiedenen gerade vorhandenen Busgrößen einsetzbar ist. Lassen Sie dabei die unterschiedlichen Kosten pro Bus berücksichtigen und nur die preisgünstigste Alternative ausdrucken.

Weiterhin sollte in den Fällen, in denen keine Buskombination mit der Anzahl der Reisenden vollständig gefüllt werden kann, diejenige Alternative ausgegeben wird, die die geringsten Leerplätze beinhaltet.

```
REM Beispiel 14
REM Umfüllproblem
INPUT "Wieviel Liter Wein sind im Faß  " liter
PRINT "Welche Flaschengrößen stehen zur Verfügung:";
INPUT fg1,fg2,fg3
PRINT
PRINT liter;"Liter lassen sich wie folgt umfüllen :"
PRINT
PRINT fg1; "Liter      "; fg2; "Liter      "; fg3; "Liter"
PRINT
FOR x=1 TO liter \ fg1
  FOR y=1 TO liter \ fg2
    FOR z=1 TO liter \ fg3
      IF fg1*x+fg2*y+fg3*z=liter THEN PRINT x,y,z
    NEXT
  NEXT
NEXT
```

<u>Ergebnisse</u>:

```
Wieviel Liter Wein sind im Faß  ? 50
Welche Flaschengrößen stehen zur Verfügung:? 4 5 6

 50 Liter lassen sich wie folgt umfüllen :

 4 Liter       5 Liter       6 Liter

 1             2             6
 1             8             1
 2             6             2
 3             4             3
 4             2             4
 6             4             1
 7             2             2
```

Beispiel 15: Logikaufgabe

Aufgabenstellung:

Zur Vorbereitung einer Klassenfahrt soll ein Ausschuß gebildet werden, für den sich grundsätzlich Alfred (A), Beate (B), Claus (C) und Doris (D) zur Verfügung gestellt haben.
Damit dieser Ausschuß sinnvoll arbeiten kann, sind folgende Bedingungen zu berücksichtigen:

1) C und D haben nur gemeinsam Ideen.

2) Falls B mitarbeitet, darf A nicht Mitglied sein; es kann nur eine(r) von beiden teilnehmen.

3) D ist nur bereit, mitzuarbeiten, wenn auch A dabei ist; ohne A kommt D erst gar nicht.

Welche Zusammensetzung muß der Ausschuß unter diesen Bedingungen erhalten? Es sollen möglichst viele der freiwilligen Meldungen berücksichtigt werden. Schreiben Sie ein Programm, das unter Heranziehung einer Wahrheitswertetafel sämtliche Lösungen dieses Problems ermittelt und ausdruckt.

Hinweise/Erläuterungen:

Zunächst ein rein formales Beispiel:
Eine Wahrheitswertetafel sieht wie folgt aus:

a	b	c	x1	x1
0	0	0	0	0
0	0	1	0	1
0	1	0	0	1
0	1	1	0	1
1	0	0	0	1
1	0	1	1	1
1	1	0	1	0
1	1	1	0	0

a, b, c sollen Aussagen symbolisieren, wobei eine 1 in der Spalte unter a besagt, daß die Aussage a erfüllt ist; eine 0 dort besagt, daß die Aussage a nicht erfüllt ist.
(In unserem Fall könnte a für die Aussage stehen: "Alfred ist Kommissionsmitglied"; tritt dieser Fall ein, würde das durch eine 1 in der Spalte unter a dargestellt.)

x1 und x2 mögen Bedingungen darstellen, die zu erfüllen sind. Die oben dargestellte Tabelle würde aussagen, daß die Bedingung 1 nur in den Situationen erfüllt ist, die durch die 6. und 7. Zeile dargestellt sind; entsprechendes ist für Bedingung 2 ablesbar.

Beide Bedingungen des formalen Beispiels gemeinsam sind nur in der durch Zeile 6 dargestellten Situation erfüllt.

In unserem Fall muß eine Tafel erstellt werden, die die Variablen a, b, c und d umfaßt, wobei eine 1 in der betreffenden Spalte symbolisieren soll, daß der betreffende Schüler Mitglied der Kommission ist. Weiterhin sind drei Bedingungen zu berücksichtigen; in einer 4. Bedingungsspalte soll ausgegeben werden, ob die drei Bedingungen gleichzeitig erfüllt sind oder nicht, ob die aktuelle Belegung von a, b, c und d mithin eine Problemlösung darstellt.

Verfahren:

Die Ziffern in den Spalten unter a, b, c und d lassen sich durch 4 geschachtelten Schleifen erzeugen, wobei die Zählvariable jeweils von 0 bis 1 läuft.
In der innersten Schleife nach Zeile 10 stehen dann jeweils die ersten 4 Eintragungen einer Zeile zur Verfügung. Nun müssen die im Aufgabentext aufgeführten Bedingungen sowie die Gesamtbedingung mit Hilfe der logischen Operatoren formuliert werden.
Dies geschieht in den Zeilen 12 bis 15; unter Verwendung der Maske 2 werden jetzt die aktuellen Werte von "a" bis "gesamt" in einer Zeile ausgedruckt.
In den Fällen, in denen die Gesamtbedingung erfüllt ist, muß die aktuelle Situation im Klartext ausgegeben werden; hierzu wird ein gesondertes Unterprogramm aufgerufen.

Übungen:

Ändern Sie das Programm so ab, daß sämtliche möglichen Lösungen in einem zweidimensionalen Feld zwischengespeichert und erst nach Ausdruck der vollständigen Wahrheitstafel ausgegeben werden, um die Tafel nicht in mehrere Teile zu zerlegen.

```
REM Beispiel 15
REM Logikaufgabe
maske1$="\ \  \ \  \ \  \ \ \    \ \     \ \     \ \    \"
maske2$="#    #    #    #    #       #       #      #"
PRINT USING maske1$;"A";"B";"C";"D";"Bed 1";"Bed 2";"Bed 3";"Ges."
PRINT
FOR a= 0 TO 1
  FOR b= 0 TO 1
    FOR c= 0 TO 1
      FOR d= 0 TO 1
        REM *** Bedingungen formulieren ***
        bed1 = c AND d
        bed2 = a XOR b
        bed3 = a OR (a AND d)
        gesamt = bed1 AND bed2 AND bed3
        REM *** Ende Bedingungen ***
        PRINT USING maske2$; a;b;c;d;bed1;bed2;bed3;gesamt
        IF gesamt=1 THEN CALL ausdruck(a,b,c,d)
      NEXT
    NEXT
  NEXT
NEXT

SUB ausdruck(a,b,c,d)
  PRINT
  PRINT "Zulässig : ",
  IF a=1 THEN PRINT "Alfred",
  IF b=1 THEN PRINT "Beate",
  IF c=1 THEN PRINT "Claus",
  IF d=1 THEN PRINT "Doris"
  PRINT
END SUB
```

Aufgelistet wird nur die zweite Hälfte des Ergebnisausdruckes:

```
A    B    C    D    Bed 1    Bed 2    Bed 3    Ges.
...................................................
1    0    0    0    0        1        1        0
1    0    0    1    0        1        1        0
1    0    1    0    0        1        1        0
1    0    1    1    1        1        1        1

Zulässig :    Alfred        Claus         Doris

1    1    0    0    0        0        1        0
1    1    0    1    0        0        1        0
1    1    1    0    0        0        1        0
1    1    1    1    1        0        1        0
```

Beispiel 16: Pi / Teilsummenbildung

Aufgabenstellung:

Die Verhältniszahl Pi soll durch fortgesetzte Bildung von Teilsummen näherungsweise errechnet werden.

Verfahren:

Die Zahl Pi läßt sich z.B. nach Euler (siehe Engel 1977, S. 86) etwa mit Hilfe der Formeln

$$Pi = \sqrt[2]{\left(1 + \frac{1}{2^2} + \frac{1}{3^2} + \frac{1}{4^2} + \frac{1}{5^2} + \ldots\right) * 6}$$

oder

$$Pi = \sqrt[4]{\left(1 + \frac{1}{2^4} + \frac{1}{3^4} + \frac{1}{4^4} + \frac{1}{5^4} + \ldots\right) * 90}$$

näherungsweise ermitteln.

Im Unterschied zum Monte-Carlo-Verfahren (vgl. Beispiel 30) hat die hier dargestellte Methode den Vorteil, daß mit einer Erhöhung des Zeitaufwandes zumindest kein ungenaueres Ergebnis erzielt wird.

Hinweise/Erläuterungen:

Wenn in den oben dargestellten Summenformeln das erste Glied als 1/1^2 bzw. 1/1^4 geschrieben wird, lassen sich die aufgeführten Summen bis zur gewünschten Anzahl von Gliedern vollständig im Rahmen einer Zählschleife bilden und aufaddieren. Der Anfangswert sollte vorher auf Null gesetzt werden, obwohl Turbo BASIC von sich aus "summe" auf Null setzen würde; es geht halt um's Prinzip!

Um den Bildschirm nicht mit endlosen Zahlenkolonnen zu bedecken, soll ein Zwischenergebnis nur bei jedem 100sten Durchlauf ausgedruckt werden; dies wird dadurch erreicht, daß in Zeile 7 nur bei restlos durch 100 dividierbaren Summanden die Ausgabeprozedur aufgerufen wird.

Übungen:

Für die Berechnung von Pi benutze ich gern folgende Formel:

$$Pi = \sqrt[6]{\left(1 + \frac{1}{2^6} + \frac{1}{3^6} + \frac{1}{4^6} + \frac{1}{5^6} + \frac{1}{6^6} + \ldots\right) * 945}$$

(Die Quelle ist leider im Laufe der Jahre verloren gegangen).

Testen Sie die Formel einmal und variieren Sie die Ausdruckhäufigkeit der Zwischenergebnisse sinnvoll.

```
REM Beispiel 16 / 01
REM Pi - Teilsummen 01

summe=0
INPUT "Anzahl der Summanden   : " anzahl
FOR summand=1 TO anzahl
  INCR summe, 1/summand^2
  IF summand MOD 100=0 THEN CALL ausgabe
NEXT

SUB ausgabe
  SHARED summe, summand
  LOCAL pi
  pi=SQR(summe*6)
  PRINT "Ergebnis Durchlauf ";summand;"  : Pi = ";pi
  PRINT
END SUB
```

<u>Ergebnisse</u>:

```
Ergebnis Durchlauf  100    : Pi =  3.132076740264893

Ergebnis Durchlauf  200    : Pi =  3.136826515197754

Ergebnis Durchlauf  300    : Pi =  3.138413429260254

Ergebnis Durchlauf  400    : Pi =  3.139207124710083

Ergebnis Durchlauf  500    : Pi =  3.139683961868286

Ergebnis Durchlauf  600    : Pi =  3.140002012252808

Ergebnis Durchlauf  700    : Pi =  3.140228986740112

Ergebnis Durchlauf  800    : Pi =  3.14039945602417

Ergebnis Durchlauf  900    : Pi =  3.140532255172729

Ergebnis Durchlauf  1000    : Pi =  3.14063835144043
```

Beispiel 17: Endlosdivision

Aufgabenstellung:

Schreiben Sie ein Programm, mit dessen Hilfe das Ergebnis der Division zweier ganzer Zahlen mit beliebiger Nachkommastellenzahl ermittelt und ausgegeben werden kann.

Verfahren:

Das gewünschte Ergebnis wird so gebildet, daß zunächst der Vorkommateil als Ergebnis einer Ganzzahldivision ermittelt und einschließlich des Kommas gedruckt wird (Siehe Zeilen 6 und 7).
Der ganzzahlige Rest der gerade ausgeführten Division wird mit dem Faktor 10 multipliziert und bildet den neuen Dividenden, Zeile 17. Das Ergebnis der Ganzzahldivision dieses neuen Dividenden mit dem Divisor bildet die erste Nachkommastelle. Der ganzzahlige Rest wird wiederum mit 10 multipliziert und eine erneute Division ergibt die zweite Nachkommastelle usw. Das Verfahren bildet also einfach die Technik der schriftlichen Division nach.

Dieser stets wiederkehrende Teil wurde hier als Prozedur "teile" ausgegliedert.

Hinweise/Erläuterungen:

Eingesetzt wurde im Hinblick auf die vorgeschlagene Übung eine DO ... LOOP UNTIL - Schleife. Genausogut hätte man natürlich auch andere Schleifenkonstruktionen verwenden können.

Übungen:

Probieren Sie an diesem Beispiel sämtliche Schleifenkonstruktionen einschließlich einer Endlosschleife aus - letztere soll natürlich mittels EXIT zum rechten Zeitpunkt verlassen werden.
Wandeln Sie weiterhin das Programm so ab, daß die Durchführung abgebrochen wird, wenn eine Periode von mindestens 3 Stellen auftritt.

```
REM Beispiel 17
REM Endlosdivision

INPUT " Dividend : " dividend
INPUT " Divisor  : " divisor
INPUT " Nachkommastellen : " stellenzahl

CALL teile
PRINT teil;",";
zaehler=0
DO
  CALL teile
  PRINT teil;
  INCR zaehler
LOOP UNTIL zaehler=stellenzahl

SUB teile
  SHARED dividend, divisor, teil
  teil=dividend \ divisor
  dividend=10*(dividend MOD divisor)
END SUB
```

Ergebnisse:

```
Dividend : ? 87
Divisor  : ? 13
Nachkommastellen : ? 19
6 , 6  9  2  3  0  7  6  9  2  3  0  7  6  9  2  3  0  7  6
```

```
REM Beispiel 18
REM Eulersche Zahl

summe=1
INPUT " Wieviel Glieder sind zu addieren  " anzahl
FOR summand=1 TO anzahl
  INCR summe,1/FNfakultaet(summand)
NEXT
PRINT "Eulersche Zahl ca.  ";summe

DEF FNfakultaet(zahl)
  LOCAL produkt, faktor
  produkt=1
  FOR faktor=1 TO zahl
    produkt=produkt*faktor
  NEXT
  FNfakultaet = produkt
END DEF
```

Ergebnisse:

```
 Wieviel Glieder sind zu addieren  ? 15
Eulersche Zahl ca.   2.718281984329224
```

Beispiel 18: Eulersche Zahl

Aufgabenstellung:

Die Eulersche Zahl e, die z.B. bei organischen Wachstumsprozessen eine Rolle spielt, läßt sich mit Hilfe folgender Formel näherungsweise errechnen:

$$e = 1 + \frac{1}{1!} + \frac{1}{2!} + \frac{1}{3!} + \frac{1}{4!} + \ldots$$

Hierbei bedeutet z.B. 3! (3 Fakultät) : 1*2*3

Schreiben Sie bitte ein Programm, das die Zahl e bis zu einer einzugebenden Anzahl von Gliedern ermittelt. Dabei soll der Wert der jeweils benötigten Fakultät im Rahmen einer Funktion dergestalt gebildet und dem Hauptprogramm zur Verfügung gestellt werden, daß die gleiche Funktion problemlos auch in anderen Hauptprogrammen Verwendung finden könnte; es darf also keinerlei Auswirkung auf beliebige andere Variable eines beliebigen anderen Hauptprogrammes geben.

Hinweise/Erläuterungen:

n! wird durch fortgesetzte Multiplikation der natürlichen Zahlen von 1 bis n in einer Zählschleife gebildet, Zeilen 4 - 6 der Funktion. Da die Variablen "produkt" und "faktor" benutzt werden, müssen sie durch "LOCAL produkt, faktor" in ihrer Wirkung auf die Funktion beschränkt werden.

Übungen:

Bei diesem Programm wurde die Variable "summe" auf den Anfangswert 1 gesetzt, um die 1 rechts vom Gleichheitszeichen der Formel für die Eulersche Zahl mit zu erfassen.
Berücksichtigt man, daß 0! als 1 definiert ist, läßt sich auch diese 1 leicht in die Zählschleife des Hauptprogrammes integrieren, so daß als Ausgangswert "summe = 0" gewählt werden kann. Muß in diesem Fall die Formulierung der Fakultäts-Funktion abgeändert werden? Sollte dies der Fall sein, tun Sie es bitte.

Beispiel 19: G G T

Aufgabenstellung:

Schreiben Sie ein Programm, das den größten gemeinsamen Teiler (GGT) von zwei einzugebenden Zahlen ermittelt. Die Lösung soll im Rahmen einer universell einsetzbaren Funktion ermittelt werden.

Verfahren:

Angewandt werden soll das Euklidsche Verfahren der fortgesetzten Division, das wie folgt abläuft:

```
64 : 12 = 5 Rest 4
12 :  4 = 3 Rest 0          (GGT = 4 )
```

Nach jeder erfolgten Division wird der Divisor zum neuen Dividenden; der Rest der erfolgten Ganzzahldivision wird neuer Divisor. Hat der Rest den Wert Null, so hat man im aktuellen Divisor (4) den größten gemeinsamen Teiler der Zahlen 64 und 12 gefunden.

übungen:

Erweitern Sie das Programm folgendermaßen:

- Sollten Divisor und Dividend teilerfremd sein, so ist dies als ergänzender Text auszugeben.

- Ergänzen Sie das Programm dergestalt, daß nur ganzzahlige Dividenden bzw. Divisoren akzeptiert werden.

<u>Ergebnisse</u> des umseitig abgedruckten Programmes:

```
Dividend : ? 1238                  Dividend : ? 99
Divisor  : ? 578                   Divisor  : ? 13

Der GGT von  1238 und  578         Der GGT von  99 und  13
beträgt : 2                        beträgt : 1
```

```
REM Beispiel 19
REM G G T

INPUT "Dividend : " dividend
INPUT "Divisor  : " divisor
PRINT
PRINT "Der GGT von ";dividend;"und ";divisor
PRINT "beträgt :";FNggt(dividend,divisor)

DEF FNggt(dividend,divisor)
  LOCAL rest
  DO
    rest=dividend MOD divisor
    IF rest = 0 THEN FNggt = divisor
    dividend=divisor
    divisor=rest
  LOOP UNTIL rest=0
END DEF
```

Selbstdefinierte Funktionen lassen sich wie Standardfunktionen einsetzen. Da Standardfunktionen geschachtelt werden können, müßte auch folgendes Programm akzeptiert werden, in dem der größte gemeinsame Teiler von 4 Zahlen als größter gemeinsamer Teiler des GGT der ersten beiden Zahlen und des GGT der letzten beiden Zahlen ermittelt werden soll.

```
INPUT "1. Zahl  : " a
INPUT "2. Zahl  : " b
INPUT "3. Zahl  : " c
INPUT "4. Zahl  : " d
PRINT
PRINT "Der GGT von ";a;" , ";b;" , ";c;" , ";d;"  beträgt  :";
PRINT FNggt(FNggt(a,b),FNggt(c,d))

DEF FNggt(dividend,divisor)
  LOCAL rest
  DO
    rest=dividend MOD divisor
    IF rest = 0 THEN FNggt = divisor
    dividend=divisor
    divisor=rest
  LOOP UNTIL rest=0
END DEF
```

<u>Ergebnisse</u>:

```
Der GGT von  17  ,  365  ,  4689  ,  123  beträgt  : 1

Der GGT von  221  ,  65  ,  117  ,  143  beträgt  : 13
```

Beispiel 20: Bruch kürzen

Aufgabenstellung:

Schreiben Sie ein Programm, das nach Eingabe von Zähler und Nenner eines Bruches diesen weitestgehend gekürzt in der üblichen Bruchschreibweise ausgibt. Zu verwenden ist die Funktion FNggt( ) des vorigen Beispieles.

Hinweise / Erläuterungen:

Zur Kontrolle werden die eingegebenen Werte in der gleichen Bruchschreibweise mit ausgegeben. Die Positionierung der Bruchstriche, Gleichheitszeichen und Zahlen erfolgt mittels der TAB( )-Funktion.

Übungen:

Lassen Sie zur Kontrolle den verwendeten GGT mit ausgeben.

```
REM Beispiel 20
REM Bruch kürzen

INPUT "Zähler   : " zaehler
INPUT "Nenner   : " nenner
PRINT
PRINT "  ";zaehler;TAB(20);zaehler/FNggt(zaehler,nenner)
PRINT "------------";TAB(15);"=  -------------------"
PRINT "  ";nenner;TAB(20);nenner/FNggt(zaehler,nenner)

DEF FNggt(dividend,divisor)
  LOCAL rest
  DO
    rest=dividend MOD divisor
    IF rest = 0 THEN FNggt = divisor
    dividend=divisor
    divisor=rest
  LOOP UNTIL rest=0
END DEF
```

<u>Ergebnisse</u>:

```
   1236            206
------------  =  -------------------
   42              7
```

Beispiel 21: K G V

Aufgabenstellung:

Schreiben Sie ein Programm, das nach Eingabe der Nenner zweier Brüche das kleinste gemeinsame Vielfache (kgV) dieser Zahlen und damit den Hauptnenner ermittelt.

Verfahren:

Der Hauptnenner beispielsweise der Brüche 7/12 und 5/18 kann ermittelt werden, indem man jeden Bruch mit dem Nenner des anderen Bruches erweitert und anschließend kürzt. Hier ergibt sich also:

$$\frac{7 * 18}{12 * 18} + \frac{5 * 12}{18 * 12} \quad \text{ergibt:} \quad \frac{7 * 3}{2 * 18} + \frac{5 * 2}{3 * 12}$$

Kürzen läßt sich jeweils mit dem größten gemeinsamen Teiler (GGT) der beiden Nenner; der Hauptnenner ist hier also 36.

Damit läßt sich diese Aufgabe leicht lösen, indem man die beiden Nenner multipliziert und das Produkt mit Hilfe der im Beispiel 19 ermittelten Funktion FNggt( ) durch den größten gemeinsamen Teiler der beiden Nenner teilen läßt.

```
REM Beispiel 21
REM K G V
INPUT "1. Nenner  : " nenner1
INPUT "2. Nenner  : " nenner2
PRINT "Der Hauptnenner beträgt : ";
PRINT nenner1*nenner2/FNggt(nenner1, nenner2)

DEF FNggt(dividend,divisor)
  LOCAL rest
  DO
    rest=dividend MOD divisor
    IF rest = 0 THEN FNggt = divisor
    dividend=divisor
    divisor=rest
  LOOP UNTIL rest=0
END DEF
```

Beispiel 22: Pascalzahlen

Aufgabenstellung:

Schreiben Sie ein Programm, das die Zahlen des bekannten Pascalschen Dreiecks sinnvoll angeordnet bis zu einer gewünschten Zeile auf den Bildschirm schreibt. Die Zahlen sollen im Rahmen einer Funktion ermittelt werden.

```
          1
        1   1
      1   2   1
    1   3   3   1
  1   4   6   4   1
1   5  10  10   5   1
```

Eine Zeile des dargestellten Dreieckes enthält die Faktoren, die angeben, wie oft bei der Ausmultiplikation eines Binoms, z.B. (a+b)^5 die Potenzen von a und b vorkommen. So ergibt sich hier:

$$(a+b)^{5} = 1*a^{5} b^{0} + 5*a^{4} b^{1} + 10*a^{3} b^{2} + 10*a^{2} b^{3} + 5*a^{1} b^{4} +1*a^{0} b^{5}$$

Verfahren:

Das Bildungsgesetz für die Pascalschen Zahlen lautet:

$$\text{pascal}(m,n) = \frac{m-n+1}{n} * (\text{pascal}(m, n-1))$$

$$\text{mit : pascal}(m,0) = 1$$

wobei m den Zeilenindex und n den Spaltenindex angibt und Zeilen und Spalten mit Null beginnend gezählt werden.

Die Eigenschaften der zu formulierenden Funktion lassen sich wie folgt beschreiben:

- falls n = 0 ist, ist dem Hauptprogramm die 1 als Funktionswert zurückzugeben
- andernfalls ist der Term ((m-n+1)/n)*FNpascal(m,n-1) zurückzugeben.

Damit ruft sich die Funktion FNpascal(m,n) im zweiten Fall mit veränderten Werten erneut auf - es liegt eine rekursiv formulierte Funktion vor, vgl. Teil 4.5 .

Durch das Hauptprogramm sind die so ermittelten Funktionswerte in der oben skizzierten formalen Darstellung bis hin zur gewünschten maximalen Zeilenzahl aufzulisten.

Hinweise/Erläuterungen:

Da anzunehmen ist, daß der Benutzer des Programms die oberste Zeile des Dreieckes als Zeile 1 zählen wird, ist in Zeile 9 des Programms die dann erforderlich werdende Korrektur der eingegebenen Zeilenzahl vorgenommen worden.

Übungen:

Ändern Sie das Programm bitte so ab, daß nur die Zahlen der linken Hälfte des Dreieckes errechnet und spiegelsymmetrisch auf der rechten Hälfte mit ausgedruckt werden.

```
REM Beispiel 22 / 01
REM Pascalzahlen  / Rekursiv  / reell
REM pascal(m,0) = 1
REM pascal(m,n) =((m-n+1)/n)*pascal(m,n-1)

CLS
PRINT "Wieviel Zeilen des Pascalschen Dreiecks sind aufzulisten ?"
INPUT zeilenzahl
PRINT
FOR m=0 TO zeilenzahl-1
  FOR n=0 TO m
    PRINT TAB(35-3*m+6*n);FNpascal(m,n);
  NEXT
  PRINT
NEXT

DEF FNpascal(m,n)
  IF n=0 THEN
    FNpascal = 1
  ELSE
    FNpascal = ((m-n+1)/n)*FNpascal(m,n-1)
  END IF
END DEF
```

Beispiel 23: Ackermann-Funktion

Aufgabenstellung:

Zum Austesten der Fähigkeit, rekursive Funktionsaufrufe in akzeptabler Zeit verarbeiten zu können, wird häufig die Ackermann-Funktion herangezogen. Diese Funktion ist wie folgt definiert:

$$f(0,n) = n+1$$
$$f(m,0) = f(m-1,1)$$
$$f(m,n) = f(m-1,f(m,n-1))$$

Schreiben Sie bitte ein entsprechendes Programm.

Verfahren:

Auch hier soll natürlich eine Funktion formuliert werden, die nach Eingabe der Argumente m und n den Wert der Ackermann-Funktion berechnet und an das Hauptprogramm zurückgibt. Im Rahmen dieser Funktion sind nun sogar drei Fälle zu unterscheiden:

- Ist m = 0 so ist als Funktionswert die Zahl n+1 zurückzugeben
- ist n = 0, so ist als Funktionswert der Wert von
  ackermann(m-1,1) zurückzugeben
- in allen anderen Fällen ist als Funktionswert der Wert von
  ackermann(m-1, ackermann(m, n-1)) zurückzugeben.

Auch hier liegt in zwei von drei Fällen ein rekursiver Aufruf vor.

Hinweise/Erläuterungen

Beim Test des Programms hatte ich den Schalter "Stack test" auf ON gesetzt - daraufhin meldete Turbo BASIC bei der Errechnung von ackermann(3,3) "out of memory".
Mit "Stack test" OFF dagegen wurde problemlos und korrekt bis ackermann(3,6) = 509 gerechnet. Sollten Sie Schwierigkeiten bei der Errechnung höherer Werte bekommen, dann halten Sie sich mit dem Compiler-Befehl $STACK (z.B. $STACK 8008) genügend Platz für den Stack frei - hier 8008 Bytes.

Übungen:

Nehmen Sie sich einmal etwas Zeit und schreiben Sie die zur Ermittlung von ackermann(2,1) erforderlichen Schritte systematisch auf und formulieren Sie anschließend ein Programm, das ohne rekursive Aufrufe auskommt, dafür aber die Verwaltung der aufzubewahrenden Zwischenwerte sowie der Schachtelungstiefe "sichtbar" werden läßt. Ein entsprechender Programmvorschlag befindet sich auf der Diskette zu diesem Band - Programm ACK-GOTO.

```
REM Beispiel 23 / 01
REM Ackermann-Funktion
REM f(0,n) = n + 1
REM f(m,0) = f(m-1,1)
REM f(m,n) = f(m-1,f(m,n-1))

INPUT "Funktionsargumente  m, n :" m,n
PRINT "Ackermann von (";m;",";n;") = ";FNackermann(m,n)

DEF FNackermann(m,n)
  IF m=0 THEN
    FNackermann = n+1
  ELSEIF n=0 THEN
    FNackermann = FNackermann(m-1,1)
  ELSE
    FNackermann = FNackermann(m-1,FNackermann(m,n-1))
  END IF
END DEF
```

<u>Ergebnisse</u>:

```
Ackermann von ( 2 , 2 ) =  7
Ackermann von ( 2 , 3 ) =  9
Ackermann von ( 3 , 3 ) =  61


Ackermann von ( 3 , 4 ) =  125
Ackermann von ( 3 , 5 ) =  253
Ackermann von ( 3 , 6 ) =  509
```

Beispiel 24: Lösung eines Gleichungssystems

Aufgabenstellung:

Formulieren Sie ein Programm, das die Lösungen z.B. des nachfolgenden Gleichungssystems ermittelt:

```
3a  +  12b  - 15c  - 10d  = -128
2a  + 0.5b  + 18c         =    0
1a  +   5b         -  4d  =   14
5a  +  16b   - 9c  + 12d  =    5
```

Ein solches Gleichungssystem ist dann lösbar, wenn höchstens die gleiche Anzahl voneinander unabhängiger Gleichungen vorhanden ist, wie Variablenwerte (hier a, b, c, d) zu ermitteln sind. Derartige Aufgaben kommen im Schulbereich im Rahmen der Differential- und Integralrechung z.B. beim Aufbau von Funktionen aus Teilangaben häufig vor. Die Probleme dieser Aufgaben sind gelöst, wenn die Bestimmungsgleichungen (s.o.) ermittelt sind; der Rest ist Routine, die man gut einem Computer übertragen kann.

Verfahren:

Es genügt, von einem derartigen Gleichungssystem lediglich die Koeffizientenmatrix zu betrachten, wobei durch die Stellung des Koeffizienten innerhalb der Matrixzeile die Zugehörigkeit zu den Variablen a, b, c und d festgelegt wird.

a	b	c	d	Ergebnisterm
3	12	-15	-10	-128
2	0.5	18	0	0
1	5	0	-4	14
5	16	-9	12	5

Die erste Zeile muß also gelesen werden als:

```
3a  + 12b   -15c   -10d  = -128
```

Mit diesen Zeilen kann man umgehen wie mit den entsprechenden Gleichungen: man kann sie addieren und subtrahieren, mit Faktoren multiplizieren und auch dividieren.

Es kommt nun darauf an, mittels Zeilenoperationen die Koeffizientenmatrix in eine Matrix umzuwandeln, in der lediglich auf der Diagonalen "1"-sen stehen und sonst nur Nullen. Damit ist das Problem gelöst, denn die nachfolgende Matrix ist zu lesen als:

1	0	0	0	-74.349365234375	:	1a = -74.349365...
0	1	0	0	22.91661834716797	:	1b = 22.916618...
0	0	1	0	7.624467849731445	:	1c = 7.624467...
0	0	0	1	6.558430194854736	:	1d = 6.558430...

Damit sind a, b, c und d bekannt.

Ein einfaches Verfahren besteht darin, zunächst dafür zu sorgen, daß an der Position (1/1) (d.h. Zeile 1/ Spalte 1) eine 1 steht. Hierfür wird die gesamte 1. Zeile durch denjenigen Wert dividiert, der an der Stelle (1/1) bislang stand - hier die Zahl 3.
Anschließend wird ein Vielfaches der 1. Zeile durch Multiplikation mit dem Wert gebildet, der an der Position (2/1) steht, hier die Zahl 2; daraufhin wird dieses Vielfache von der zweiten Zeile Koeffizient für Koeffizient abgezogen. Auf diese Weise steht an der Stelle (2/1) nun eine 0. Entsprechende Operationen werden nun bezüglich der Zeilen 3 und 4 ausgeführt; jetzt stehen in der ersten Spalte unter der 1 nur noch Nullen.

Im zweiten Durchgang wird nun die zweite Zeile durch den Wert dividiert, der an der Position (2/2) steht; jetzt steht hier eine 1. Daraufhin wird ein Vielfaches der Zeile zwei mit dem Wert gebildet, der an der Position (1/2) steht, hier jetzt die 4 (aus 12/3, vgl. oben) und anschließend wird dieses Vielfache von der ersten Zeile abgezogen. Nunmehr steht an der Stelle (1/2) eine 0; die 1 an der Stelle (1/1) bleibt dabei erhalten! Entsprechend wird bezüglich der Zeilen 3 und 4 vorgegangen.

Der dritte Durchgang bezieht sich auf das Element (3/3); hier wird die dritte Zeile geeignet multipliziert und von den Zeilen 1, 2 und 4 subtrahiert. Der 4. Durchgang schließlich bezieht sich auf das Element (4/4).
Nach dem letzten Durchgang sind die Lösungen in der rechten Spalte von oben nach unten ablesbar, wie oben angedeutet.

Hinweise/Erläuterungen:

Zeilen- und Spaltenzahl der Koeffizientenmatrix sind ohne Berücksichtigung des Lösungsvektors einzugeben; hier könnte man evtl. einen eindeutigeren Bildschirmkommentar vorsehen, vgl. Übungen.

Um die oben beschriebenen Vorgänge zur Ermittlung der Diagonal-Matrix besser nachvollziehen zu können, wird aus dem Programmabschnitt "Berechnungen" nach jedem Durchgang die Prozedur zur Ausgabe der gesamten aktuellen Matrix aufgerufen.

Bei der durchzuführenden Subtraktion der Zeilenelemente ist im ersten Durchlauf keine Subtraktion hinsichtlich der ersten Zeile auszuführen, im zweiten Durchgang keine Subtraktion hinsichtlich der zweiten Zeile und so fort. Das Überspringen dieser Subtraktionen wird durch die Prüfung "z <> d" in Zeile 8 des Abschnittes "Berechnungen" gewährleistet.

Achtung: Dieses Programm enthält keinerlei Prüfungen oder Kontrollen! Sollten Sie linear abhängige Zeilen eingeben, müssen Sie mit dem Laufzeitfehler "Division durch Null" rechnen.
Weiterhin sollten Sie bei der Eingabe der Matrix die Zeilen in der Reihenfolge eingeben, daß Zeilen mit den Koeffizienten "0" möglichst als letzte Zeilen eingegeben werden; andernfalls könnten Sie ebenfalls die Fehlermeldung "Division durch Null" erhalten.
Es gibt natürlich Verfahren, die derartige Zeilenvertauschungen beinhalten. So werden etwa beim Gaußschen Eliminationsverfahren mit Pivotisierung, wie es z.B. in Lamprecht, 1982 auf S. 23f kurz beschrieben wird, Zeilen auch in der Form vertauscht, daß Rundungsfehler minimiert werden; die hier dargestellte Technik reicht aber aus, um die Rechenarbeit im Rahmen der üblichen Schulaufgaben zu leisten.

Übungen:

Ergänzen Sie dieses Programm so, daß zum Abschluß die Funktionsgleichung

$$f(x) = ax^3 + bx^2 + cx^1 + d$$

mit den für a, b, c und d ermittelten Werten ausgedruckt wird.

```
REM Beispiel 24
REM Gleichungssystem
REM Ohne Korrektheitsprüfung, keine Pivotisierung

REM Einlesen Matrix und Ergebnisvektor
INPUT " Anzahl der Zeilen : " n
INPUT " Anzahl der Spalten: " m
DIM matrix(1:n,1:m+1)
PRINT "Geben Sie jetzt bitte die Koeffizienten";
PRINT "zeilenweise einschließlich Element des";
PRINT "Lösungsverktors ein."
PRINT
FOR z=1 TO n
  PRINT "Koeffizienten der Zeile ";z;":"
  FOR s=1 TO m
    INPUT matrix(z,s)
  NEXT
  INPUT "Element Lösungsvektor : " matrix(z,m+1)
  PRINT
NEXT

REM Berechnungen
FOR d=1 TO n
  nf=matrix(d,d) : REM Diagonalelement = Norm-Faktor
  FOR s=d TO m+1
    matrix(d,s)=matrix(d,s)/nf
  NEXT
  FOR z=1 TO n
    IF z<>d THEN
      mf=matrix(z,d) : REM Multiplikationsfaktor
      FOR s=d TO m+1
        DECR matrix(z,s), matrix(d,s)*mf
      NEXT
    END IF
  NEXT
  CALL matrixdrucken
NEXT

SUB matrixdrucken
  SHARED n, m, matrix( )
  LOCAL z,s
  PRINT
  FOR z=1 TO n
    FOR s=1 TO m+1
      PRINT matrix(z,s);
    NEXT
    PRINT
  NEXT
END SUB
```

Ergebnisse:

```
 2  3  4   5     1  1.5  2   2.5     1  0  2 -2     1  0  0 -2
 1 -5  2 -17     0 -6.5  0 -19.5     0  1  0  3     0  1  0  3
-3  1 -1   9     0  5.5  5  16.5     0  0  5  0     0  0  1  0
```

Beispiel 25: Matrix-Multiplikation

Aufgabenstellung:

Erstellen Sie bitte ein Programm, das zwei eingegebene Matrizen (A und B) miteinander multipliziert. Beide Matrizen sollen mit Hilfe der gleichen mit Parametern versehenen Prozedur eingelesen werden.

Matrix A			Matrix B		Matrix C	
1	2	3	13	14	94	100
4	5	6	15	16	229	244
7	8	9	17	18	364	388
10	11	12			499	532

Verfahren:

Die Elemente der Ergebnismatrix C werden wie folgt ermittelt:
Die Summe der Produkte der Elemente der ersten Zeile von Matrix A mit den entsprechenden Elementen der 1. Spalte von Matrix B ergibt das Element (1/1) der Matrix C.
Beispiel: 1*13 + 2*15 + 3*17 ergibt Element (1/1) der Matrix C. Zeile 1 Matrix A multipliziert mit Spalte 2 Matrix B ergibt das Element (1/2) - hier mit dem Wert 100 - der Matrix C; Zeile 2 von A multipliziert mit Spalte 1 von B ergibt Element (2/1) - hier die Zahl 229 - von C usw.

Hinweise/Erläuterungen:

Das Unterprogramm "Matrizen multiplizieren" besteht praktisch nur aus drei geschachtelten Schleifen. Diese Schachtelungen sind hier am einfachsten nachzuvollziehen, wenn man sie von außen nach innen interpretiert.

Übungen:

Angenommen, die Zeilen der Matrix A enthielten die Mengen von Produktionsfaktoren (in diesem Falle der Faktoren 1 bis 3), die zur Erzeugung eines Gutes eingesetzt werden müssen.
Dabei stellen die verschiedenen Zeilen von A alternative Faktoreinsatzkombinationen für die Herstellung der gleichen Gütermenge dar.

Matrix B möge nur aus einer Spalte bestehen, in der die Kosten pro Einheit der in A aufgeführten Produktionsfaktoren aufgelistet sind.

Wenn Sie jetzt Matrix A mit B wie oben beschrieben multiplizieren, erhalten Sie die Faktoreinsatzkosten der in Matrix A aufgeführten alternativen Faktoreinsatzkombinationen (und können sich die günstigste heraussuchen!).

Schreiben Sie bitte ein derartiges Programm!

```
REM Beispiel 25
REM Matrix-Multiplikation
INPUT "Anzahl Zeilen Matrix-A                      " m
INPUT "Anzahl Spalten Matrix-A (= Zeilen Matrix-B ) " n
INPUT "Anzahl Spalten Matrix-B                      " o
DIM matrixa(1:m,1:n), matrixb(1:n,1:o), matrixc(1:m,1:o)

PRINT "Eingabe Koeffizienten Matrix-A  (zeilenweise)"
CALL matrixeinlesen(matrixa( ), m,n)
PRINT "Eingabe Koeffizienten Matrix-B  (zeilenweise)"
CALL matrixeinlesen(matrixb( ),n,o)
CALL matrizenmultiplizieren
CALL ergebnisausdrucken

SUB matrixeinlesen(feld(2),z,sp)
  LOCAL zeile, spalte
  FOR zeile=1 TO z
    FOR spalte=1 TO sp
      INPUT feld(zeile,spalte)
    NEXT
    PRINT
  NEXT
END SUB

SUB  matrizenmultiplizieren
  SHARED matrixa(), matrixb(), matrixc() , m, n, o
  LOCAL za, spb, spa
  FOR za=1 TO m : REM  Zeile Matrix-A
    FOR spb=1 TO o : REM  Spalte Matrix-B
      FOR spa =1 TO n : REM  Spalte Matrix-A
        INCR matrixc(za,spb), (matrixa(za,spa)*matrixb(spa,spb))
      NEXT
    NEXT
  NEXT
END SUB

SUB ergebnisausdrucken
  SHARED matrixc(), m, o
  LOCAL zc, sc
  FOR zc =1 TO m
    FOR sc =1 TO o
      PRINT matrixc(zc,sc);
    NEXT
    PRINT
  NEXT
END SUB
```

Beispiel 26: Binäres Suchen

Aufgabenstellung:

Unter Anwendung der Technik des binären Suchens soll von einem Programm die Position einer einzugebenden Zahl innerhalb eines sortierten Zahlenfeldes ermittelt werden.

Verfahren:

Die anzuwendende Methode des binären Suchens soll zunächst einmal theoretisch dargestellt werden. Angenommen, es liegt eine Reihe von 11 Zahlen vor, die bereits sortiert sind.

Zahlen:	2	5	7	8	9	12	15	20	35	60	136
Index:	1.	2.	3.	4.	5.	6.	7.	8.	9.	10.	11.

Der Index ist jeweils unter den Zahlen angedeutet.

Wenn nun z.B. die Zahl 9 gesucht und ihr Index festgestellt werden soll, kann man beim binären Suchen wie folgt vorgehen:
Im ersten Schritt ist zu prüfen, ob die gesuchte Zahl gerade die erste oder letzte des Feldes ist. In diesen beiden Fällen ist die Suche hier bereits beendet.
Ist dies nicht der Fall, so kann sich die gesuchte Zahl - vorausgesetzt, sie befindet sich überhaupt im Feld - nur noch zwischen den beiden Feldgrenzen befinden.
Um eine erste Orientierung zu erhalten, teilt man das Feld in der Mitte und prüft, ob sich die gesuchte Zahl gerade an dieser Stelle befindet, im Beispiel also an der 6. Stelle.
Ist dies nicht der Fall, so kann, falls die gesuchte Zahl größer ist als die Zahl in der Mitte des bisherigen Feldes, die linke Hälfte des Feldes bereits vernachlässigt werden; man wählt die bisherige Feldmitte als linke Grenze und setzt die Suche in diesem halbierten Feld fort.
Hier sucht man wieder die Mitte, prüft, ob die hier stehende Zahl gerade die gesuchte ist und wählt für den Fall, daß die gesuchte Zahl immer noch größer ist als die an der neuen Mitte stehende Zahl, die neue Mitte wiederum als neue linke Grenze.

Entsprechend wird in Fällen, in denen die gesuchte Zahl kleiner ist als die Zahl, die an der gerade betrachteten Mitte steht, die Mitte als neue rechte Grenze gewählt und die Suche auf den linken Teil beschränkt.

Die Suche ist beendet, wenn die Zahl gefunden wurde oder wenn die auf diese Weise ermittelte aktuelle linke und rechte Grenze des betrachteten Teilfeldes sich nur noch um eine Einheit unterscheiden; zwischen zwei Indizes kann keine Zahl eingetragen sein, die gesuchte Zahl ist in diesem Fall im betrachteten Feld nicht vorhanden.

Wendet man diese Technik auf das oben skizzierte Beispiel an, so findet man die gesuchte Zahl mit der 6. Prüfung. Sie liegt weder an erster noch an elfter Stelle, nicht an der 6., nicht an der 3. (bei nicht ganzzahligen Mitten nimmt man die nächstkleinere Zahl als Mitte), nicht an der 4., sie liegt jedoch an der 5. Stelle. Da man die gesuchte Zahl 9 durch einen einfachen Vergleich in der Reihenfolge der Feldelemente bereits beim 5. Zugriff gefunden hätte, scheint dieses umständlichere Verfahren zunächst überflüssig. Es lohnt sich auch erst bei einer höheren Zahl von Feldelementen. So findet man in einem Feld von 1024 Elementen nach maximal 10 Zugriffen (plus einem Zugriff für die obere Feldgrenze) jede gewünschte Eintragung; hier würde das lineare Suchen im Durchschnitt deutlich länger dauern.
Da das Feld jeweils zweigeteilt wird, errechnet sich die Anzahl der maximal notwendigen Zugriffe als Exponent derjenigen Potenz zur Basis 2, deren Potenzwert gleich der Zahl der Feldelemente ist bzw. diese Zahl geringstmöglich übersteigt, plus einem Zugriff für die obere Feldgrenze.

Das nachfolgend aufgelistete Programm entspricht diesem Verfahren - das Feld wird in der 6. Zeile aufsteigend mit den Zahlen 3, 6, 9, 12, ... gefüllt.

Übungen:

Lassen Sie eine entsprechende Meldung ausgeben, wenn die gesuchte Zahl nicht im Feld enthalten ist.

Formulieren Sie das Programm so um, daß es im Rahmen der Dateiverwaltungsprogramme des Abschnittes 5.3 eingesetzt werden kann.

```
REM Beispiel 26
REM Binäres Suchen
INPUT "Anzahl der Feldelemente : " anzahl
DIM feld(1:anzahl)
TRUE = -1 : FALSE = 0
FOR index=1 TO anzahl : feld(index)=index*3 : NEXT

INPUT "Gesuchte Zahl: " suchzahl
SELECT CASE suchzahl
CASE = feld(anzahl)
  PRINT "Gefunden an Stelle";anzahl
CASE = feld(1)
  PRINT "Gefunden an Stelle 1 "
CASE ELSE
  links=1 : rechts=anzahl : zugriff = 2
  DO
    INCR zugriff
    gefunden=FALSE
    mitte=(links+rechts) \ 2
    IF feld(mitte)=suchzahl THEN
      PRINT "Gesuchte Zahl an Stelle";mitte;"gefunden"
      PRINT "Zahl der Zugriffe : " zugriff
      gefunden=TRUE
    ELSE
      IF feld(mitte)<suchzahl THEN
        links=mitte
      ELSE
        rechts=mitte
      END IF
    END IF
  LOOP UNTIL gefunden OR links=rechts-1
END SELECT
```

<u>Ergebnisse</u>:

```
Anzahl der Feldelemente : ? 20
Gesuchte Zahl: ? 60
Gefunden an Stelle 20

Anzahl der Feldelemente : ? 100
Gesuchte Zahl: ? 3
Gefunden an Stelle 1

Anzahl der Feldelemente : ? 30
Gesuchte Zahl: ? 15
Gesuchte Zahl an Stelle 5 gefunden
Zahl der Zugriffe :  7
```

5.1.2 Zufall und Wahrscheinlichkeit

Beispiel 27: Zufallszahlen im Intervall (a, b)

Aufgabenstellung:

Turbo BASIC verfügt leider nur über die Möglichkeit, Zufallszahlen in den Grenzen von 0 bis unter 1 zu bilden und auszugeben.

Für die meisten Anwendungen von Zufallszahlen ist es aber erforderlich, ganzzahlige Zufallszahlenwerte aus einem Intervall (a, b) zur Verfügung zu haben, wobei die auszugebenden Zufallszahlen die beiden Grenzen a und b mit umfassen sollen. Zu erstellen ist daher ein Programm, das unter Verwendung einer Funktion ganzzahlige Zufallszahlen aus dem Intervall (a, b) ermittelt und ausgibt.
Da diese Funktion in weiteren Programmen zur Bildung von Zufallszahlen Verwendung finden soll, ist sie so zu formulieren, daß Sie problemlos in ein beliebiges anderes Programm integriert werden kann.

Verfahren:

Mit RANDOMIZE TIMER wird dafür gesorgt, daß jeder neue Aufruf andere Zufallszahlen erzeugt; anschließend wird lediglich die durch RND in den Grenzen von 0 bis unter 1 zur Verfügung gestellte Zufallszahl mit der Intervallbreite multipliziert und zur unteren Untervallgrenze addiert; mittels CINT wird dieser Wert ganzzahlig gerundet. Da außer den formalen Parametern keine Variable im Funktionsrumpf enthalten ist, kann keine Kollision mit anderen Programmen eintreten.

```
REM Beispiel 27
REM Zufallszahlen im Intervall (a,b)

PRINT "In welchem Intervall (a, b) sollen die Zufallszahlen";
INPUT "gewählt werden " a, b

PRINT  "Die gewählte Zufallszahl lautet : " FNzufallszahl(a,b)

DEF FNzufallszahl(x, y)
  RANDOMIZE TIMER
  FNzufallszahl = CINT(RND*(y-x)+x)
END DEF
```

Beispiel 28: Lottozahlen

Aufgabenstellung:

Es ist ein Programm zu formulieren, das mit Hilfe der Zufallszahlenfunktion aus Beispiel 27 eine formal korrekte Tippreihe für das Zahlenlotto 6 aus 49 bildet und ausgibt.

Verfahren:

Grundlage des Programms ist eine eindimensionale Liste mit 49 Elementen, die in Zeile 3 gebildet und durch die Dimensionierung bereits mit 0-en gefüllt wird.
Anschließend werden Zufallszahlen erzeugt und als Listenindex interpretiert. In das Element, dessen Index als Zufallszahl "gezogen" wurde, wird eine "1" geschrieben. Für den Fall, daß dort bereits eine 1 stand, wird eine neue Zufallszahl gezogen. Diese Vorgänge werden wiederholt, bis 6 Einsen in der Liste stehen; abschließend wird von links beginnend jeder Listenindex ausgedruckt, in dessen zugehörigem Element eine "1" steht.

Übungen:
Schreiben Sie das entsprechende Programm für das Mittwochslotto.
Weiterhin sollte es möglich sein, bei einem Programmdurchgang mehrere Tippreihen ausdrucken zu lassen; in diesem Fall sollten bei zwei aufeinanderfolgenden Tippreihen nicht mehr als zwei Zahlen übereinstimmen.

```
REM Beispiel 28
REM Lottozahlen
DIM liste(1:49)
FOR anzahl=1 TO 6
  DO
    zahl=FNzufallszahl(1,49)
  LOOP UNTIL liste(zahl)<>1
  liste(zahl)=1
NEXT
FOR index=1 TO 49
  IF liste(index)=1 THEN PRINT index;
NEXT
DEF FNzufallszahl(x, y)
  RANDOMIZE TIMER
  FNzufallszahl = CINT(RND*(y-x)+x)
END DEF
```

Beispiel 29: Galtonbrett

Aufgabenstellung:

Schreiben Sie ein Programm, das die Wirkungsweise eines Galton-Brettes simuliert.

Ein derartiges Brett hat im Prinzip folgendes Aussehen:

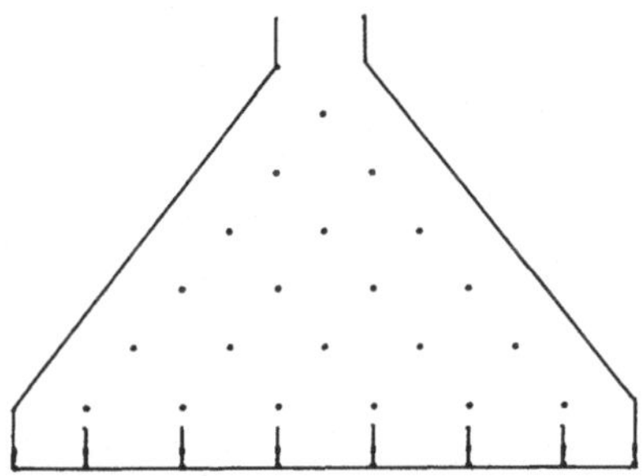

Die dargestellten Punkte sollen Nägel darstellen, die in das senkrecht stehende Brett eingeschlagen sind. Wird von oben eine Kugel in den Schacht eingeworfen, so trifft sie beim Fall nach unten in jeder neuen Reihe auf einen Nagel und wird nach links oder nach rechts abgelenkt. Schließlich muß jede Kugel in eines der unten symbolisierten Gefäße fallen.
Wie man leicht überlegen kann, sammeln sich in den mittleren Gefäßen mehr Kugeln als in den Randgefäßen, da die Kugeln stets in die gleiche Richtung abgelenkt werden müßten, um in ein Randgefäß zu gelangen. Experimentell ergibt sich daher eine nach beiden Seiten flacher werdende Verteilungskurve.

Hinweise/Erläuterungen:

Die Reihe der Sammelgefäße wird durch ein Feld dargestellt, dimensioniert in Zeile 7. Aufgrund der Konstruktion des Brettes muß die Zahl der Gefäße stets um eines höher sein als die Anzahl der Nagelreihen.

Das Fallen der Kugel wird folgendermaßen simuliert:
Die Kugel befindet sich in der Ausgangsposition über der Feldmitte, errechnet in Zeile 10. Bei jeder Reihenzahl wird sie beim

Fallen entweder nach links oder nach rechts abgelenkt, d.h. der Index wird um 0,5 Einheiten verringert oder erhöht. Die Ablenkung nach links bzw. rechts wird in Abhängigkeit von einfachen Zufallszahlen festgelegt: Kleiner als 0.5 heißt nach links. Sind alle Nagelreihen durchlaufen, wird der Inhalt desjenigen "Sammelgefäßes", das dem aktuellen Index entspricht, um eine Einheit erhöht; 5te Zeile von unten.

Übungen:

Das Programm ist für eine gerade Anzahl von Nagelreihen formuliert.
Kann es auch ungerade Zahlen von Nagelreihen bearbeiten oder müssen für diese Fälle Veränderungen vorgenommen werden?

```
REM Beispiel 29
REM Galtonbrett
CLS
INPUT " Wieviel Nagelreihen (gerade Anzahl) : " reihenzahl
PRINT
gefaesszahl=reihenzahl+1
DIM feld(1:gefaesszahl)
INPUT "Wieviel Kugeln : " kugelzahl
FOR kugel=1 TO kugelzahl
  index=INT((1+gefaesszahl)/2)
  FOR reihe=1 TO reihenzahl
    RANDOMIZE TIMER
    x= RND
    LOCATE 5,1 : PRINT " " : REM Beeinflußt Stand des TIMERs
    IF x<0.5 THEN
      DECR index, 0.5
    ELSE
      INCR index, 0.5
    END IF
  NEXT
  INCR feld(index), 1
NEXT
FOR index=1 TO gefaesszahl
  PRINT feld(index);
NEXT
```

<u>Ergebnisse</u>:

```
 Wieviel Nagelreihen (gerade Anzahl) : ? 6

Wieviel Kugeln : ? 100


 1  6  28  37  20  6  2
```

Beispiel 30: Pi / Monte Carlo-Methode

Aufgabenstellung:

Die Verhältniszahl Pi soll mit Hilfe von Zufallsexperimenten ermittelt werden.

Verfahren:

Pi ist eine Verhältniszahl, die den Radius mit dem Umfang bzw. der Fläche eines Kreises in Beziehung setzt. So gilt z.B.: für die Kreisfläche:

Fläche = r^2*Pi   mit r = Radius

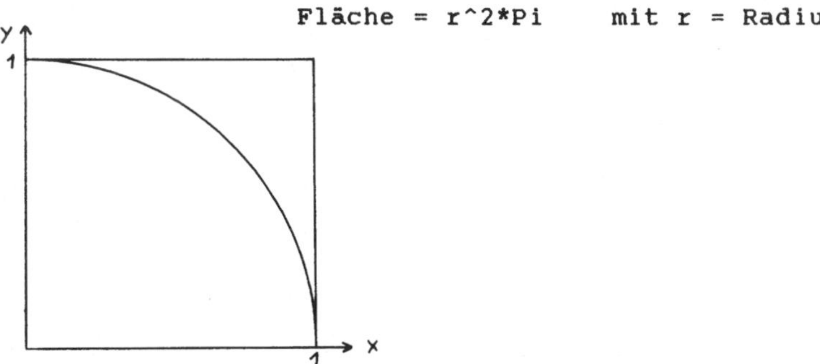

In dieser Zeichung ist ein Viertelkreis mit dem Radius r = 1 dargestellt. Für r = 1 ergibt sich die Kreisfläche gemäß oben aufgeführter Formel mit Pi, die des Viertelkreises also mit Pi/4 .

Soll Pi mit Hilfe von Zufallsexperimenten ermittelt werden, so kann man so vorgehen, daß man jeweils Paare von Zufallszahlen aus dem Intervall von 0 bis 1 bilden läßt, diese Zahlenpaare als Koordinaten eines Punktes interpretiert und den betreffenden Punkt in die obige Zeichnung einträgt. Dabei ergeben sich stets Punkte, die innerhalb oder auf dem Rand des einskizzierten Quadrates liegen.

Wenn auf diese Weise genügend Punkte gebildet werden, die wirklich zufällig über die Gesamtfläche des Quadrates verteilt sind, dann wird das Verhältnis der Kreisfläche zur Gesamtfläche des Quadrates in etwa durch das Verhältnis der Zahl der Punkte im und auf dem Kreisbogen zur Zahl der Punkte im gesamten Quadrat ausgedrückt.

Da die Quadratfläche der obenstehenden Skizze die Größe 1 hat, muß für den Fall, daß n Punkte gebildet werden, gelten:

$$\frac{1}{Pi/4} = \frac{n}{Kreispunkte}$$

Aus dem Kehrwert ergibt sich:

$$Pi = \frac{Kreispunkte * 4}{n}$$

Hinweise/Erläuterungen:
Zur Bildung von Zufallszahlen wurde RND gewählt, obwohl hier der Wert 1 nicht erreicht wird. Das Ergebnis ist daher auf jeden Fall fehlerbehaftet. Für eine Änderung siehe Punkt Übungen.

Übungen:
Lassen Sie x und y durch die bereits bekannte Zufallszahlenfunktion beispielsweise aus dem Intervall von 0 bis 1000 ermitteln und anschließend durch 1000 teilen.

Ermitteln Sie statt der Größe des Viertelkreises die Größe der Fläche, die im Intervall von 0 bis 1 zwischen dem Graphen der Parabel f(x) = x^2 und der x-Achse liegt.

```
REM Beispiel 30
REM Programm  Pi / Monte Carlo - Methode

CLS : REM Schirm löschen
PRINT "Pi wird mit Hilfe von Zufallszahlenpaaren berechnet. "
INPUT "Wieviel Zahlenpaare sollen berücksichtigt werden  " n

kreispunkte=0
FOR punktpaar=1 TO n
  RANDOMIZE TIMER
  x=RND : y=RND
  IF x^2+y^2<=1 THEN INCR kreispunkte
NEXT
pi=kreispunkte*4/n

PRINT
PRINT "Ergebnis nach";n;"Zahlenpaaren: Pi =";pi
```

Ergebnisse:

Ergebnis nach 100 Zahlenpaaren: Pi = 3.079999923706055

Beispiel 31: Kombinatorik-Formeln

Aufgabenstellung:

Wie groß ist eigentlich die Chance, mit einer Tippreihe im Zahlenlotto "6 aus 49" 6 Richtige zu treffen? Zur Beantwortung dieser Frage muß zunächst festgestellt werden, wieviel unterschiedliche Möglichkeiten es gibt - ca. 14 Millionen. Die Wahrscheinlichkeit beträgt daher ca. 1 zu 14 Millionen. Zur Ermittlung dieser Zahl oder zur Lösung beispielsweise folgender Aufgabe:

" Wieviele unterscheidbare Klassenarbeiten kann es maximal geben, wenn Schüler einer Klasse von einem Aufgabenzettel mit 10 verschiedenen Aufgaben jeweils genau zwei verschiedene Aufgaben auswählen und bearbeiten müssen? "

sind Formeln aus den Bereichen Permutationen, Variationen und Kombinationen heranzuziehen.

Die zur Lösung einer konkreten Aufgabe heranzuziehende Formelgruppe läßt sich durch die Beantwortung von zwei Fragen eindeutig feststellen.

1. Frage: Werden n-Tupel gebildet?
Gemeint ist damit, ob sämtliche (dann handelt es sich um n-Tupel) oder nur einige der vorhandenen Klassenarbeitsaufgaben bearbeitet werden sollen.

2. Frage: Spielt die Reihenfolge der Lösungselemente eine Rolle?
Gemeint ist hier, ob eine von den bisherigen Situationen sinnvoll unterscheidbare neue Situation dadurch entsteht, daß man die Elemente einer Lösung vertauscht.

Bei der Klassenarbeitsauswahlaufgabe spielt die Reihenfolge sicher keine Rolle, da man nicht von zwei verschiedenen Situationen sprechen würde, wenn ein Schüler die Aufgaben 4 und 6 und ein anderer die Aufgaben 6 und 4 bearbeitet; hier würde man sagen, beide haben die gleiche Möglichkeit gewählt.
Andererseits ist es nicht gleichgültig, ob drei Läufer in der Reihenfolge A, B, C oder C, B, A ins Ziel gelangen.

Die Zuordnung der Formelgruppen zu den Fragen läßt sich wie folgt zusammenstellen:

1. Werden n-Tupel gebildet, so sind stets die Formeln für Permutationen heranzuziehen.
2. Werden keine n-Tupel gebildet und spielt die Reihenfolge eine Rolle, so sind die Formeln für Variationen heranzuziehen; spielt die Reihenfolge keine Rolle, dann müssen die Formeln für Kombinationen herangezogen werden.

Schreiben Sie bitte ein Programm, das nach Beantwortung der erforderlichen Fragen die heranzuziehende Formelgruppe benennt.

Verfahren:

Die Auswahl der Formeln soll nach Eingabe der benötigten Informationen durch geschachtelte Abfragen erfolgen.

Hinweise/Erläuterungen:

Die konkreten Formeln sind in jeder Formelsammlung enthalten; sie sind daher hier nur im Programmlisting aufgeführt. (n! gleich n-Fakultät gleich 1*2*3*4* ...*n)

```
REM Beispiel 31
REM Kombinatorik-Formeln
INPUT "Werden n-Tupel gebildet          " antwort1$
INPUT "Spielt die Anordnung eine Rolle  " antwort2$
a$=LEFT$(antwort1$,1):b$=LEFT$(antwort2$,1)
PRINT
PRINT "Für Fälle ohne Wiederholung ist hier "
PRINT "die Formel  "
PRINT
IF INSTR("Jj",a$) THEN
  PRINT "Permutationen:"
  PRINT
  PRINT "Pn = n!"
ELSEIF INSTR("Jj",b$) THEN
  PRINT "Variationen:"
  PRINT
  PRINT "V = n! / (n - k)!"
ELSE
  PRINT "Kombinationen"
  PRINT
  PRINT "K = n! / k!*(n-k)! "
END IF
PRINT
PRINT "heranzuziehen."
```

Beispiel 32: Buchstabenpermutation

Aufgabenstellung:

Von einem einzugebenden WORT mit 4 verschiedenen Buchstaben, z.B. dem Namen "NORA", sind sämtliche unterscheidbaren Buchstabenzusammenstellungen zu bilden und auszudrucken, z:B. NOAR, NAOR, NARO, ONRA, ARNO, ...

Verfahren:

Das eingegebene Wort wird Buchstabe für Buchstabe in einer Liste mit 4 Elementen gespeichert. Da jetzt über den Listenindex jedes der 4 Elemente gesondert aufgerufen und gedruckt werden kann, genügt es, festzulegen, welche Indizes jeweils beim Drucken der Buchstabenzusammenstellungen zu berücksichtigen sind.

Die hierbei zu beachtenden Gesetzmäßigkeiten lassen sich am einfachsten anhand eines sogenannten Baumdiagrammes ermitteln.

```
 String:       N  O  R  A
 Index :       1  2  3  4
-------------------------------------------------
                    ,3 ---- 4     ergibt: NORA
                 2 <
                /   `4 ---- 3     ergibt: NOAR
               /
              /     ,2 ---- 4     ergibt: NROA
           1 --- 3 <
          / \       `4 ---- 2     ergibt: NRAO
         /   \
        /     4
       /
      /  ,2
     o <
      \  `3
       \
        4
        1.-    2.-    3.-    4.Buchstabe
```

Aus Platzgründen wurden von dem gesamten Baum nur wenige Zweige ausgeführt.

An der ersten Stelle der zu bildenden "Namen" kann natürlich jeder der 4 Buchstaben, d.h. jeder der 4 Indizes stehen.

Betrachtet man ein vollständig ausgeführtes Baumdiagramm, so erkennt man weiter, daß an der zweiten Stelle auch jeder der 4 Buchstaben stehen kann, nicht aber jeweils derjenige Buchstabe, der bereits an der ersten Stelle des betreffenden Zweiges stand.

Entsprechend können an der dritten Stelle ebenfalls alle 4 Buchstaben auftauchen, nicht aber diejenigen, die bereits an der ersten oder der zweiten Stelle ausgedruckt wurden.
An der vierten Stelle schließlich muß jener Buchstabe stehen, der bislang noch nicht gedruckt wurde.

Die aus diesem Baumdiagramm ablesbare Systematik kann leicht in ein Programm umgesetzt werden.

An erster Stelle ist jeder der Buchstaben 1 bis 4 zu drucken - vgl. äußere Schleife der Zeilen 7 bis 19; an zweiter Stelle ist ebenfalls jeder der Buchstaben 1 bis 4 zu drucken, aber nur dann, wenn der Buchstabe, der an zweiter Stelle gedruckt werden soll, nicht identisch ist mit dem Buchstaben, der bereits an erster Stelle gedruckt wurde (Prüfung in Zeile 9).
Die gleiche Überlegung gilt für die Schleife der Zeilen 10 bis 15, in denen die dritte Position gedruckt wird. Hier dürfen nur Buchstaben gedruckt werden, die nicht bereits an Stelle 1 bzw. Stelle 2 gedruckt wurden (Zeile 11).

Nach diesem System könnte man auch den vierten Buchstaben ermitteln; noch einfacher ist es jedoch, wenn man berücksichtigt, daß die Indizes der gedruckten Buchstaben in jedem Falle unabhängig von der Reihenfolge in der Summe 10 ergeben müssen (der 1. und der 2. und der 3. und der 4. ergibt unabhängig von der Reihenfolge stets 10); somit kann man den Index des an der vierten Stelle zu druckenden Buchstabens errechnen als 10 - (Summe der bisherigen Buchstabenindizes) , Zeile 12 des Programmes.

Übungen:

Ändern Sie das Programm bitte so ab, daß der vierte Buchstabe in der gleichen Technik ermittelt und ausgedruckt wird wie die Buchstaben 2 und 3 .
Ergänzen Sie das Programm bitte so, daß zum Ausdruck der Ergebnisse eine sinnvolle Druckmaske benutzt wird.

```
REM Beispiel 32
REM Buchstabenpermutation
DIM a$(1:4)
INPUT " Wort mit 4 Buchstaben : " wort$
a$(1)=MID$(wort$,1,1) : a$(2)=MID$(wort$,2,1)
a$(3)=MID$(wort$,3,1) : a$(4)=MID$(wort$,4,1)

FOR b1=1 TO 4
  FOR b2=1 TO 4
    IF b2<>b1 THEN
      FOR b3=1 TO 4
        IF b3<>b2 AND b3<>b1 THEN
          b4=10-(b1+b2+b3)
          PRINT a$(b1)a$(b2)a$(b3)a$(b4),
        END IF
      NEXT
      PRINT
    END IF
  NEXT
NEXT
```

<u>Ergebnisse</u>:

```
NORA    NOAR
NROA    NRAO
NAOR    NARO
ONRA    ONAR
ORNA    ORAN
OANR    OARN
RNOA    RNAO
RONA    ROAN
RANO    RAON
ANOR    ANRO
AONR    AORN
ARNO    ARON
```

5.1.3 Spielerisches mit Zahlen

Beispiel 33: Kokosnußproblem

Aufgabenstellung:

Unter dem (bekannten) Kokosnußproblem versteht man eine Aufgabenstellung, die wie folgt beschrieben werden kann:
Drei Seeleute und ein Affe stranden auf einer Insel, die mit Kokospalmen bestanden ist. Während des Nachmittages sammeln sie fleißig Kokosnüsse und legen sie auf einen Haufen, den sie am anderen Morgen gerecht aufteilen wollen.
In der Nacht wacht der erste Seemann auf und beginnt, den Haufen zu teilen. Dabei erwacht der Affe. Um ihn abzulenken, wirft der Seemann dem Affen eine Nuß zu und teilt anschließend den Nußhaufen in drei gleiche Teile. Einen Teil versteckt er für sich, aus den beiden anderen Teilen bildet er einen neuen Haufen. Anschließend legt er sich schlafen. Kurz darauf wacht der zweite Seemann auf, wirft dem schlaflosen Affen eine Nuß zu und teilt seinerseits den verbliebenen Haufen in drei gleiche Teile, von denen er einen für sich versteckt usw. Der dritte Seemann handelt genau wie seine beiden Kollegen.
Am nächsten Morgen stehen alle auf, der Affe erhält (aus Gewohnheit?) eine Nuß und der (etwas kleiner gewordene) Haufen von Kokosnüssen wird in drei gleiche Teile geteilt.

Frage: Wieviel Kokosnüsse bildeten vor der ersten Teilung den Nußhaufen, wenn bei keiner der 4 Teilungen eine Nuß zerschlagen werden mußte? Es sollen alle Lösungen zwischen einer und 1000 Nüssen ausgedruckt werden.

Verfahren:
Auch hier soll ein Probierverfahren zur Anwendung kommen. Im Programm müssen für jede ganze Zahl von 1 bis 1000 rechentechnisch die beschriebenen Subtraktionen und Teilungen nachvollzogen werden; anschließend ist für jede dieser Zahlen zu prüfen, ob die Ergebnisse der Teilungen ganzzahlig sind.
Ist dies bei sämtlichen Teilungen der Fall, so handelt es sich bei der gerade untersuchten Ausgangsgröße um eine Lösung des Problems, die dann ausgedruckt werden soll.

Hinweise/Erläuterungen:

In Zeile 8 wird von der Ausgangsmenge x eine Nuß für den Affen abgezogen; der Rest wird durch drei geteilt und bildet x1, also die Menge, die der erste Seemann für sich versteckt. Da er ein Drittel für sich versteckt, kann der Rest des Nußhaufens in Zeile 9 mit 2*x1 auf übersichtliche Weise als Ausgangsmenge für den zweiten Seemann dargestellt werden.
In Zeile 12 wird mit Hilfe der INT-Funktion geprüft, ob die Drittel jeder einzelnen Teilung ganzzahlig sind. Ist dies erfüllt, wird x als eine Lösung ausgegeben.

Dieses Verfahren ist recht zeitaufwendig, da z.B. für den Fall, daß x1 bereits nicht ganzzahlig ist, bezüglich x2, x3 und x4 überflüssige Berechnungen durchgeführt werden.
Diese überflüssigen Berechnungen werden vermieden, wenn man - wie mit der Fassung "Kokosnußproblem 02" dargestellt, Auswahlstrukturen schachtelt.

Übungen:

Frau Wermerssen aus Osnabrück verdanke ich den Hinweis, daß die niedrigste Lösung des Kokosnußproblems für eine beliebige Anzahl von Seeleuten nach der Formel x(n) = (n^(n+1)) - (n-1) ermittelt werden könne, wobei n für die Anzahl der Seeleute stehen soll. Prüfen Sie dies doch bitte mit Hilfe der hier dargestellten Technik für einige n nach.

```
REM Beispiel 33 / 01
REM Kokosnußproblem 01

CLS : REM Schirm löschen
PRINT "Ermittelt werden die Lösungen des Kokosnußproblems ";
PRINT "zwischen 1 und 1000 Nüssen"
PRINT

FOR x=1 TO 1000
  x1=(x-1)/3
  x2=(2*x1-1)/3
  x3=(2*x2-1)/3
  x4=(2*x3-1)/3
  IF x1=INT(x1) AND x2=INT(x2) AND x3=INT(x3) AND x4=INT(x4)_
                                     THEN PRINT "Lösung : ";x
NEXT
```

```
Ermittelt werden die Lösungen des Kokosnußproblems zwischen
1 und 1000 Nüssen

Lösung :  79
Lösung :  160
Lösung :  241
Lösung :  322
Lösung :  403
Lösung :  484
Lösung :  565
Lösung :  646
Lösung :  727
Lösung :  808
Lösung :  889
Lösung :  970
```

```
REM Beispiel 33 / 02
REM Kokosnußproblem 02
CLS : REM Schirm löschen
PRINT "Ermittelt werden die Lösungen des Kokosnußproblems ";
PRINT "zwischen 1 und 1000 Nüssen"
PRINT

FOR x=1 TO 1000
  x1=(x-1)/3
  IF x1=INT(x1) THEN
    x2=(2*x1-1)/3
    IF x2=INT(x2) THEN
      x3=(2*x2-1)/3
      IF x3=INT(x3) THEN
        x4=(2*x3-1)/3
        IF x4=INT(x4) THEN
          PRINT "Lösung : ",x
        END IF
      END IF
    END IF
  END IF
NEXT
```

```
Ermittelt werden die Lösungen des Kokosnußproblems zwischen
1 und 1000 Nüssen

Lösung :        79
Lösung :        160
Lösung :        241
Lösung :        322
Lösung :        403
Lösung :        484
Lösung :        565
Lösung :        646
Lösung :        727
Lösung :        808
Lösung :        889
Lösung :        970
```

Beispiel 34: Mannschaftsauswahl (Josephus-Problem)

Aufgabenstellung:

Um zu verhindern, daß in einer Klasse von 25 Schülern stets die gleichen beiden Mannschaften A und B gebildet werden, läßt der Sportlehrer die Schüler im Kreis antreten und jeden siebenten Schüler fortlaufend auszählen. Die so ausgezählten Schüler werden der Mannschaft B zugeteilt und verlassen sofort den Kreis, in dem weitergezählt wird, bis die Mannschaft B 12 Schüler umfaßt. Von den restlichen 13 Schülern bilden die ersten 12 Schüler die Mannschaft A, der 13. Schüler ist Ersatzspieler.

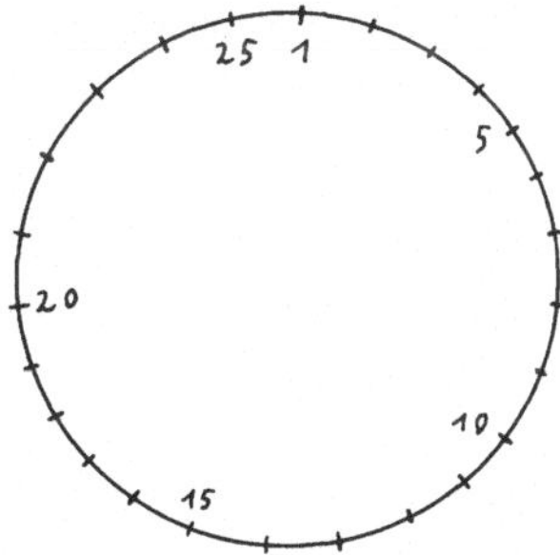

Entwickeln Sie bitte ein Programm, das ermittelt, welche Schüler der Anfangsaufstellung in die Mannschaft B gelangen.

Hinweise/Erläuterungen:

Zur Erfassung der Anfangsaufstellung wird eine Liste "Kreis" mit 25 Elementen gebildet (Zeile 3). Vom Startpunkt (also vom Index 1) aus wird fortlaufend im Kreis gezählt. Jeder siebente Schüler wird ausgezählt, indem in das zugehörige Listenelement eine 1 geschrieben wird.
Dabei dürfen bereits ausgeschiedene Schüler nicht mehr mitgezählt werden, d.h. der Zähler wird nur erhöht, wenn in dem entsprechenden Listenelement noch keine 1 steht, Zeile 7 des Programmes.

Dieses "im Kreis zählen" wird 12 mal durchgeführt; da pro Durchgang mehr als ein Schüler für die Mannschaft B ausgezählt wird, muß der Zählvorgang abgebrochen werden, wenn 12 Schüler den Kreis verlassen haben, Zeile 11.

Mit "IF ... THEN GOTO ende" wird die Marke "ende:" in der Zeile 14 des Programmes angesprungen; anschließend wird der Programmdurchlauf dort fortgesetzt.
Durch die letzten drei Zeilen des Programmes wird der Index derjenigen Feldelemente ausgedruckt, die eine 1 enthalten, deren zugehöriger Schüler also in die Mannschaft B aufgenommen wurde.

Übungen:

Verallgemeinern Sie bitte das Programm so, daß Zahl der Schüler, Zählweite und Anzahl der auszuzählenden Schüler beliebig gewählt werden können. Beachten Sie dabei, daß die Zählweite dann auch einmal größer sein kann als die Zahl der Schüler.

```
REM Beispiel 34
REM Mannschaftsauswahl

DIM kreis(1:25)
ausgesondert=0 : zaehler=0
FOR mannschaftb=1 TO 12
  FOR stelle=1 TO 25
    IF kreis(stelle)<>1 THEN INCR zaehler
    IF zaehler=7 THEN
      kreis(stelle)=1 : INCR ausgesondert : zaehler=0
    END IF
    IF ausgesondert=12 THEN GOTO ende
  NEXT
NEXT
ende:
PRINT "In die Mannschaft B aufgenommen werden :"
PRINT
FOR stelle=1 TO 25
  IF kreis(stelle)=1 THEN PRINT stelle;
NEXT
```

Ergebnisse:

```
In die Mannschaft B aufgenommen werden :

 2  3  4  6  7  11  12  14  17  19  21  22
```

Beispiel 35: Rechentrainer

Aufgabenstellung:

Zu formulieren ist ein Programm, das Zufallsaufgaben der folgenden Form liefert,

58 : 6 = 9 Rest 4

die Eingaben des Benutzers hinsichtlich ihrer Richtigkeit kommentiert und nach drei erfolglosen Versuchen die korrekte Lösung ausgibt.

Dabei soll der Dividend zwischen 9 und 99 einschließlich liegen, während der Divisor so auszuwählen ist, daß das Ergebnis der ganzzahligen Division nicht größer als 9 wird.

Die Programmteile "Aufgabe bilden", "Aufgabe stellen und Ergebnis erfragen" und "Korrektheit prüfen" sollen als Prozeduren formuliert werden. Ausnahmsweise soll einmal nicht die Funktion "Zufallszahlen im Intervall (a,b)" verwendet werden; gelegentlich sollte man auch noch einmal selbst etwas neu formulieren.
Insgesamt sollen 5 derartige Aufgaben in einem Programmdurchlauf erzeugt werden, je Aufgabe hat man - wie schon erwähnt - maximal drei Versuche.

Verfahren:

Dividend und Divisor werden als Zufallszahlen Y1 und Y2 gebildet; der Dividend als Zahl im Intervall von 9 bis 99, der Divisor in den Grenzen von einem Zehntel des Dividenden plus eins und der Obergrenze 10, um der oben genannten Bedingung zu genügen. Unter der Variablen "versuche" im Hauptprogramm werden die Versuche mitgezählt. Außerdem wird bei jeder neuen Aufgabe der Divisor mit dem Wert des Divisors der vorherigen Aufgabe (gespeichert unter "divisoralt") verglichen; die Erzeugung der Zufallszahlen wird bei jeder Aufgabe solange wiederholt, bis der Divisor von dem der Voraufgabe unterschiedlich ist; Zeilen 2 bis 6 der entsprechenden Prozedur.

Übungen:

Ergänzen Sie das Programm um die Ausgabe von Hilfen in der Form: "Diese Zahl ist zu hoch / viel zu hoch" bzw. entsprechend zu tief.

```
REM Beispiel 35
REM Rechentrainer
CLS
PRINT "5 Aufgaben mit 3 Versuchen"
PRINT
divisoralt=0
FOR aufgabe=1 TO 5
  CALL aufgabebilden
  versuche=0
  DO
    CALL aufgabestellenundergebniserfragen
    INCR versuche
    CALL korrektheitpruefen
    IF ergebniskorrekt THEN
      PRINT " Prima, das war richtig !"
    ELSE
      PRINT "Leider falsch"
    END IF
  LOOP UNTIL (ergebniskorrekt OR versuche = 3)

  IF NOT ergebniskorrekt THEN
    PRINT " Das korrekte Ergebnis lautet : ";zahlkorrekt;"Rest";_
                                                        restkorrekt
  END IF
NEXT

SUB aufgabebilden
  SHARED y1, y2, divisoralt
  DO
    RANDOMIZE TIMER
    y1=INT(9 + RND*91)
    y2=INT((y1 \ 10)+1 + RND*(10 - y1 \ 10))
  LOOP UNTIL y2<>divisoralt
  divisoralt = y2
END SUB

SUB aufgabestellenundergebniserfragen
  SHARED y1, y2, zahl, rest
  PRINT
  PRINT
  PRINT y1;" : ";y2;" = ";
  INPUT; zahl
  PRINT "  Rest        = ";
  INPUT rest
END SUB

SUB korrektheitpruefen
  SHARED zahl, zahlkorrekt, ergebniskorrekt, restkorrekt, rest,_
                                                          y1, y2
  zahlkorrekt = y1 \ y2  : restkorrekt = y1 MOD y2
  ergebniskorrekt = (zahl=zahlkorrekt AND rest=restkorrekt)
END SUB
```

Beispiel 36: Zahlenraten

Aufgabenstellung:

Ein Spieler soll eine vom Computer in den Grenzen von Null bis Neun einschließlich gewählte Zufallszahl erraten. Maximal drei Versuche sind zulässig, danach soll der Computer erforderlichenfalls die nicht erratene Zufallszahl ausgeben.

Nach jedem Versuch ist ein unterstützender Kommentar auszugeben, d.h. es ist anzugeben, ob die eingegebene Zahl zu groß oder zu klein war; bei einem Treffer ist zu gratulieren.

Verfahren:

Zur Ermittlung der Zufallszahlen wird die früher erstellte Funktion FNzufallszahlen benutzt.

Die Eingabe des Benutzers geschieht in einer Schleife, die verlassen wird, wenn die Zahl geraten wurde oder der Zähler der Rateversuche auf drei angestiegen ist.

Sollten nach Verlassen dieser Schleife die Zufallszahl (x) und die zuletzt eingegebene geratene Zahl (y) nicht übereinstimmen, wird die Zufallszahl kommentiert ausgegeben.

Übungen:

Ergänzen Sie das Programm bitte so, daß man das Intervall, aus dem die Zufallszahl gewählt werden soll sowie die Anzahl der Versuche selbst bestimmen kann.

```
REM Beispiel 36
REM Zahlenraten

CSL  : REM Schirm löschen
PRINT "Der Computer denkt sich eine Zahl von 0 - 9."
PRINT "Sie können 3mal versuchen, diese Zahl zu erraten."
PRINT
x=FNzufallszahl(0,9)
zaehler=0
DO
  INPUT "Geben Sie eine Zahl zwischen 0 und 9 ein " y
  INCR zaehler
  PRINT
  IF y=x THEN
    PRINT "Herzlichen Glückwunsch!"
  ELSE
    IF y>x THEN
      PRINT "Die gewählte Zahl ist leider zu groß."
    ELSE
      PRINT "Die gewählte Zahl ist leider zu klein."
    END IF
  END IF
LOOP UNTIL x=y OR zaehler=3
IF x<>y THEN PRINT "Die gesuchte Zahl lautete : ",x

DEF FNzufallszahl(x, y)
  RANDOMIZE TIMER
  FNzufallszahl = CINT(RND*(y-x)+x)
END DEF
```

Ergebnisse:

```
Der Computer denkt sich eine Zahl von 0 - 9.
Sie können 3mal versuchen, diese Zahl zu erraten.

Geben Sie eine Zahl zwischen 0 und 9 ein ? 5

Die gewählte Zahl ist leider zu klein.
Geben Sie eine Zahl zwischen 0 und 9 ein ? 7

Die gewählte Zahl ist leider zu groß.
Geben Sie eine Zahl zwischen 0 und 9 ein ? 6

Herzlichen Glückwunsch!

Der Computer denkt sich eine Zahl von 0 - 9.
Sie können 3mal versuchen, diese Zahl zu erraten.

Geben Sie eine Zahl zwischen 0 und 9 ein ? 5

Die gewählte Zahl ist leider zu groß.
Geben Sie eine Zahl zwischen 0 und 9 ein ? 3

Die gewählte Zahl ist leider zu groß.
Geben Sie eine Zahl zwischen 0 und 9 ein ? 1

Die gewählte Zahl ist leider zu groß.
Die gesuchte Zahl lautete :              0
```

Beispiel 37: Binäres Zahlenraten

Aufgabenstellung:

Die Technik des binären Suchens soll in folgendem Programm angewandt werden: Der Computer soll eine Zahl erraten, die im Intervall von 1 bis 1024 liegt. Dabei ist der Computer bei seiner Suche dadurch zu unterstützen, daß bei jedem Rateversuch des Computers angegeben wird, ob die zu suchende Zahl kleiner ist als diejenige, die der Computer gerade vorgeschlagen hat.
Anhand der vom Computer ausgegebenen Versuche soll die zugrundeliegende Technik erkennbar werden.

Um die Aufgabe nicht zu leicht werden zu lassen, soll die binäre Suche in Form einer rekursiven Funktion formuliert werden, die die gesuchte Zahl an das Hauptprogramm zurückgibt.

Verfahren:

Im Programm wird zunächst außerhalb der Funktion die obere Feldgrenze überprüft. Ist die gesuchte Zahl hier nicht gefunden worden, wird in der Zeile 16 die Funktion aufgerufen; hierbei wurde darauf geachtet, daß die Kommentare, die während der Abarbeitung der Funktion ausgegeben werden, zu den Kommentaren des Hauptprogrammes passen.

Übung:

Schreiben Sie dieses Programm in die iterative Form um.
Ergänzen Sie beide Programme um einen Zugriffs-Zähler und lassen Sie zum Abschluß ausdrucken, wieviel Zugriffe durchgeführt wurden.

```
REM Beispiel 37
REM Binäres Zahlenraten
DIM feld(1:1024)
FOR index = 1 TO 1024 : feld(index) = index : NEXT
TRUE = -1 : FALSE = 0
gefunden = FALSE
PRINT "Denken Sie sich bitte eine ganze Zahl zwischen"_
                                          " 1 und 1024 aus"
PRINT "IST es die 1024 ?"
antwort1$ = INPUT$(1)
IF INSTR("Jj", antwort1$) THEN
  PRINT "1024 war zu leicht!"
  gefunden = TRUE
ELSE
  PRINT "Dann muß ich ernsthaft suchen !"
  PRINT
  PRINT FNsuch(1,1024) " war's also "
END IF

DEF FNsuch(a,e)
  SHARED feld()
  LOCAL mitte, antwort$
  mitte = a+((e-a) \ 2)
  PRINT "Ist es die Zahl " feld(mitte) "(j/n) ?"
  antwort$ = INPUT$(1)
  IF INSTR("Jj", antwort$) THEN
    FNsuch = feld(mitte)
  ELSE
    PRINT "Ist Ihre Zahl kleiner ? "
    antwort$ = INPUT$(1)
    IF INSTR("Jj", antwort$) THEN
      FNsuch = FNsuch(a, mitte)
    ELSE
      FNsuch = FNsuch(mitte, e)
    END IF
  END IF
END DEF
```

<u>Ergebnisse</u>:

```
Denken Sie sich bitte eine ganze Zahl zwischen 1 und 1024 aus
IST es die 1024 ?               ((n))
Dann muß ich ernsthaft suchen !

Ist es die Zahl  512 (j/n) ?  ((n))
Ist Ihre Zahl kleiner ?       ((j))
Ist es die Zahl  256 (j/n) ?  ((n))
Ist Ihre Zahl kleiner ?       ((n))
Ist es die Zahl  384 (j/n) ?  ((n))
Ist Ihre Zahl kleiner ?       ((j))
Ist es die Zahl  320 (j/n) ?  ((n))
Ist Ihre Zahl kleiner ?       ((n))
Ist es die Zahl  352 (j/n) ?  ((j))
 352  war's also
```

Beispiel 38: Alter erraten

Aufgabenstellung:

Bei einem Spiel namens "Alter erraten" werden einem Mitspieler nacheinander 7 Karten gezeigt, wie sie drei Seiten weiter abgedruckt sind. Der Mitspieler hat jeweils die Frage korrekt zu beantworten, ob sein Alter auf der betreffenden Karte angegeben ist; anschließend kann ihm sein Alter auf das Jahr genau angeben werden. Die Altersangabe erhält man, indem man die erste Zahl sämtlicher Karten, auf denen die Altersangabe des Mitspielers aufgedruckt war, addiert.
Es ist ein Programm zu schreiben, das die Zahlentabellen ausgibt und auf die beschriebene Weise das Alter ermittelt und ausdruckt.

Verfahren:

Bei diesem Spiel wird die Stellenwertschreibweise des Dualsystems ausgenutzt. Dies soll am Beispiel der ersten 4 Zahlen der dritten Karte gezeigt werden.

2^3	2^2	2^1	2^0		
0	1	0	0	=	4_{Dez}
0	1	0	1	=	5_{Dez}
0	1	1	0	=	6_{Dez}
0	1	1	1	=	7_{Dez}

Für die Dezimalzahlen 4, 5, 6, und 7 gilt, daß sie sämtlich in der Dualdarstellung an der 3. Stelle von rechts - dezimal 4 - eine 1 aufweisen. Dies gilt für sämtliche Zahlen auf der 3. Karte, wie sich leicht nachprüfen läßt.
Entsprechend weisen sämtliche Zahlen auf der ersten Karte in der Dualdarstellung an der ersten Stelle von rechts eine 1 auf, sämtliche Zahlen auf der zweiten Karte weisen an der zweiten Stelle

von rechts eine 1 auf und so fort bis zur 7. Karte, deren Zahlen sämtlich an der siebenten Stelle von rechts in der Dualdarstellung eine 1 aufweisen. Da der Mensch kaum älter als 127 Jahre werden dürfte, kann man sich mit 7 Karten begnügen.

Wenn man jetzt jemanden auffordert, die Karten von 1 bis 7 durchzusehen und jeweils anzugeben, ob sein Alter ausgedruckt ist oder nicht, fordert man ihn indirekt auf, sein Alter von rechts nach links in Form einer Dualzahl zu diktieren.

Ich z.B. müßte in der Reihenfolge der Karten antworten:

Nein, Ja, Ja, Ja, Nein, Ja, Nein.

In umgekehrter Reihenfolge ergibt das die Dualzahl

0 1 0 1 1 1 0 und das ergibt als Dezimalzahl ??

(Ergänzen Sie notfalls die Stellenwerttabelle oben bis auf 2 hoch 5, falls Sie mit der 46 Schwierigkeiten haben sollten)

Beim Spiel braucht man die Dualzahlen selbst nicht umzusetzen, da die erste Zahl auf jeder Karte bereits die jeweils zu bildende Potenz zur Basis 2 als Dezimalzahl darstellt.

Hinweise/Erläuterungen:

Das Programm kann recht kurz gehalten werden, wenn man die Regelmäßigkeiten ausnutzt, die in den Zahlengruppen der einzelnen Karten enthalten sind.

So stehen z.B. auf der 3. Karte 4-er-Gruppen aufeinanderfolgender Zahlen, wobei die erste Gruppe mit 4 beginnt, die zweite Gruppe mit 12, die dritte Gruppe mit 20 usw.
Die 4 ist schreibbar als 2 hoch 2; die nächste Gruppe beginnt mit 12, d.h. mit 4 plus (2 hoch 3), die dritte beginnt mit 20, d.h. mit 12 plus (2 hoch 3) usw.
Allgemein formuliert lassen sich die Anfänge der 4-er-Gruppen auf der dritten Karte errechnen, in dem man von 2 hoch (Kartenzahl minus 1) mit der Schrittweite (2 hoch Kartenzahl) weiterzählt, (Siehe 7. Zeile des Programms).

Daß auf dieser dritten Karte stets vier aufeinanderfolgende Zahlen auszudrucken sind, läßt sich dadurch formulieren, daß zur ersten Zahl einer Gruppe die Zahlen von 0 bis (4-1) hinzuzuzählen sind, bevor jeweils gedruckt wird, (Vgl. Zählschleife Zeile 8).

Wie Sie sehen, ist die Zahl "2 hoch (Karte-1)" der Schlüssel für die gesamte Darstellung. Diese Schlüsselzahl "2 hoch (Karte-1)" bildet für sämtliche 7 Karten die Startzahl, weshalb sie unmittelbar vor Beginn einer neuen Karte ermittelt wird, vgl. Zeile 6 . Anschließend werden mit der Schrittweite (2 hoch Karte) von der Startzahl aus Gruppen von (0 bis Startzahl-1) Zahlen gedruckt. Nach Abschluß des Druckens einer Karte wird erfragt, ob die Altersangabe auf der Karte enthalten ist. Beginnt die Antwort mit einem J oder j, so wird die Startzahl zum bisher ermittelten Alter mittels INCR hinzuaddiert. Nach Druck der 7 Karten wird das ermittelte Alter ausgegeben.

Die Zahlen werden durch Nutzung einer einfachen Maske für die Ausgabe in Kolonnen eingerichtet, vgl. hierzu auch die übungsaufgabe.

übungen:

Lassen Sie die Zahlen so ausdrucken, daß die erste Zeile jeder Karte vollständig gefüllt ist.

```
REM Beispiel 38
REM Alter erraten

alter=0 : gedrucktezahlen=0
maske$ = "###  "
FOR karte=1 TO 7
  startzahl=2^(karte-1)
  FOR lv1=startzahl TO 127 STEP 2^(karte)
    FOR lv2=0 TO startzahl-1
      PRINT USING maske$;lv1+lv2;
      INCR gedrucktezahlen
      IF gedrucktezahlen MOD 10=0 THEN PRINT
    NEXT
  NEXT
  PRINT
  PRINT
  PRINT "Ist Ihr Alter dabei ?"
  antwort$ = INPUT$(1)
  IF INSTR("Jj",antwort$) THEN INCR alter, startzahl
NEXT
PRINT "Ihr Alter beträgt :";alter;" Jahre"
```

1 3 5 7 9 11 13 15 17 19
21 23 25 27 29 31 33 35 37 39
41 43 45 47 49 51 53 55 57 59
61 63 65 67 69 71 73 75 77 79
81 83 85 87 89 91 93 95 97 99
101 103 105 107 109 111 113 115 117 119
121 123 125 127

2 3 6 7 10 11
14 15 18 19 22 23 26 27 30 31
34 35 38 39 42 43 46 47 50 51
54 55 58 59 62 63 66 67 70 71
74 75 78 79 82 83 86 87 90 91
94 95 98 99 102 103 106 107 110 111
114 115 118 119 122 123 126 127

4 5
6 7 12 13 14 15 20 21 22 23
28 29 30 31 36 37 38 39 44 45
46 47 52 53 54 55 60 61 62 63
68 69 70 71 76 77 78 79 84 85
86 87 92 93 94 95 100 101 102 103
108 109 110 111 116 117 118 119 124 125
126 127

8 9 10 11 12 13 14 15
24 25 26 27 28 29 30 31 40 41
42 43 44 45 46 47 56 57 58 59
60 61 62 63 72 73 74 75 76 77
78 79 88 89 90 91 92 93 94 95
104 105 106 107 108 109 110 111 120 121
122 123 124 125 126 127

16 17 18 19
20 21 22 23 24 25 26 27 28 29
30 31 48 49 50 51 52 53 54 55
56 57 58 59 60 61 62 63 80 81
82 83 84 85 86 87 88 89 90 91
92 93 94 95 112 113 114 115 116 117
118 119 120 121 122 123 124 125 126 127

32 33 34 35 36 37 38 39 40 41
42 43 44 45 46 47 48 49 50 51
52 53 54 55 56 57 58 59 60 61
62 63 96 97 98 99 100 101 102 103
104 105 106 107 108 109 110 111 112 113
114 115 116 117 118 119 120 121 122 123
124 125 126 127

64 65 66 67 68 69
70 71 72 73 74 75 76 77 78 79
80 81 82 83 84 85 86 87 88 89
90 91 92 93 94 95 96 97 98 99
100 101 102 103 104 105 106 107 108 109
110 111 112 113 114 115 116 117 118 119
120 121 122 123 124 125 126 127

5.2 Vom Umgang mit Zeichen und Zeichenketten

Beispiel 39: Text zentrieren

Aufgabenstellung:

Mit Hilfe des Befehles LOCATE soll das Gedicht "Die Trichter" von Christian Morgenstern zentriert ausgedruckt werden.

Verfahren:

Die 9 Zeilen sind in je einer DATA-Zeile festgehalten. In einer Schleife wird jeweils die nächste Zeile gelesen, der Cursor wird mittels LOCATE auf die errechnete Position Zeile, (Mitte des Bildschirms minus der halben Länge des gelesenen Strings) gebracht und anschließend wird der String gedruckt.

Übungen:

Lassen Sie doch bitte einmal eine Sanduhr mit Hilfe einer im Programm festgelegten Zeichenkette auf den Bildschirm drucken. Kopieren Sie die benötigten Stücke heraus und lassen Sie diese mittels LOCATE plaziert ausdrucken.

```
REM Beispiel 39
REM Text zentrieren // Morgenstern

DATA "DIE TRICHTER"
DATA "Zwei Trichter wandeln durch die Nacht"
DATA "Durch ihres Rumpfs verengten Schacht"
DATA "fließt weißes Mondlicht"
DATA "still und heiter"
DATA "auf ihren"
DATA "Waldweg"
DATA "u.s."
DATA "w."
FOR lv = 1 TO 9
  READ zeile$
  LOCATE lv+5, 40-(LEN(zeile$)/2)
  PRINT zeile$
NEXT
```

Beispiel 40: Stringdreieck

Aufgabenstellung:

Mit Hilfe eines einzugebenden Strings ist ein Textdreieck dergestalt zu drucken, daß jede neue Zeile links senkrecht unter den bisherigen Zeilenanfängen beginnt, rechts dagegen um zwei Anschläge kürzer ist. Das Programm ist zu beenden, wenn kein Symbol mehr gedruckt werden kann.

Verfahren:

Nach Eingabe des Strings wird der Variablen "laenge" die volle Länge der eingegebenen Zeichenkette zugeordnet. Anschließend wird diese Zeichenkette von Stelle 1 bis zur Stelle "laenge" wiederholt ausgedruckt, wobei nach jedem Druckvorgang die Variable "laenge" um 2 Einheiten vermindert wird.

Dieser Vorgang wird wiederholt, solange "laenge" einen Wert größer Null aufweist.

Übungen:

Verändern Sie das Programm so, daß das entstehende Dreieck symmetrisch auf der Spitze steht. Ein entsprechender Vorschlag ist auf der Diskette enthalten.

```
REM Beispiel 40 / 01
REM Programm String-Dreieck-01

INPUT "String " zeile$
laenge=LEN(zeile$)
WHILE laenge>0
  PRINT LEFT$(zeile$,laenge)
  DECR laenge, 2
LOOP
```

Ergebnisse:

```
Fahrrad
Fahrr
Fah
F
```

Beispiel 41: Zeilenumkehr

Aufgabenstellung:

Ein einzugebender String mit beliebigen Symbolen, unter denen also auch Kommata sein dürfen, soll rückwärts in einer Zeile auf den Bildschirm geschrieben werden.

Verfahren:

Der String wird wegen der zugelassenen Trennzeichen mittels LINE INPUT$ eingelesen und unter der Variablen "zeile$" gespeichert.
Anschließend wird mittels LEN( ) die Länge des Strings ermittelt und unter "anzahl" gespeichert.
Daraufhin wird der eingegebene String Symbol für Symbol einzeln ausgedruckt und zwar von rechts (Anschlag anzahl) nach links bis Anschlag 1 fortschreitend. Das "Herauskopieren" eines einzelnen Buchstabens besorgt dabei die Funktion:

MID$(zeichenkette, position, laenge des Teilstrings)

Hinweis:

Das "nach links wandern" wird durch die Schrittweite -1 der Zählschleife sichergestellt. Das Nebeneinanderdrucken der einzelnen Buchstaben ohne Zeilenvorschub trotz wiederholter Druckanweisungen wird durch das Semikolon am Ende der Druckanweisung erreicht.

```
REM Beispiel 41
REM Programm Zeilenumkehr

PRINT "Eingabe der Zeile : "
LINE INPUT zeile$
anzahl = LEN(zeile$)
FOR index= anzahl TO 1 STEP -1
  PRINT MID$(zeile$,index,1);
NEXT
PRINT
```

<u>Ergebnis</u>: (Was könnte das heißen ?)

:nehcppeaktoR muz rettumssorG eid etgas segaT seniE

Beispiel 42: Verschlüsselung

Aufgabenstellung:

Ein eingegebener Text soll Zeile für Zeile mit Hilfe einer im Programm enthaltenen Schlüsselzeile in eine Zahlenfolge umgesetzt werden, wobei die Zahl jeweils der Stelle entsprechen soll, an der der zu verschlüsselnde Buchstabe erstmals im Text der Schlüsselzeile auftaucht.

Verfahren:

Die Ermittlung der gesuchten Zahl geschieht in Zeile 10 des Programmes. Von rechts nach links betrachtet, wird zunächst mittels MID$( ) aus der eingegebenen Textzeile Position für Position ein Symbol herausgegriffen, woraufhin die Funktion INSTR( ) prüft, ob bzw. an welcher Stelle dieses durch MID$ ermittelte Symbol im Schlüssel enthalten ist.
Als Abbruchkriterium wird die Eingabe der Symbole "***" gewählt; diese Symbolfolge wird ebenfalls mit verschlüsselt.

Hinweise/Erläuterungen:

Als Schlüsselzeile wird die mit den Ziffern von 0 bis 9 aufgefüllte Zeile "the quick brown fox jumps over the lazy dog . " benutzt, die sämtliche Buchstaben, allerdings keine Großbuchstaben und keine Umlaute enthält. Weiterhin dürfen wegen des Einlesens mittels INPUT keine Kommata eingegeben werden. Im Programm muß daher auf diese Beschränkungen hingewiesen werden.

Übungen:

Ändern Sie das Programm zunächst so ab, daß die Zeile "***" nicht mehr verschlüsselt und ausgegeben wird.
Weiterhin sollten Sie die Möglichkeit hinzufügen, jede beim jetzigen Programm ermittelte Zahl vor der Ausgabe z.B. mit einer vorher einzugebenden Primzahl zu multiplizieren, und somit die Schlüsselzahl nochmals zu verschlüsseln. Falls von dieser Möglichkeit kein Gebrauch gemacht wird, soll die Multiplikation mit der Ziffer 1 erfolgen.

```
REM Beispiel 42
REM Programm Verschlüsselung

schluessel$="0the1quick2brown3fox4jumps5over6the7lazy8dog9. "
PRINT "Bitte keine Umlaute, Großbuchstaben oder Kommas eingeben"
PRINT "Als Ende-Zeichen bitte  ***  eingeben"
PRINT
DO
  INPUT "Textzeile:  " textzeile$
  FOR position=1 TO LEN(textzeile$)
    zahl=INSTR(schluessel$,MID$(textzeile$,position,1))
    PRINT zahl;
  NEXT
  PRINT
  PRINT
LOOP UNTIL textzeile$="***"
```

```
Bitte keine Umlaute, Großbuchstaben oder Kommas eingeben
Als Ende-Zeichen bitte  ***  eingeben

   4   8  16   4  26  47   2  38  44   4  26  47  26  38  44   2   4  47
42   8   4  47  44  13  14  26  26  24   7   2   2   4  13   47   39   7
24  47  13  14   2  10  38   4  25  25   9   3   4  16  47  46  46  46

 0   0   0
```

Mit Hilfe von Programm 43 entschlüsselt:

```
4   bedeutet  e
8   bedeutet  i
16  bedeutet  n
4   bedeutet  e
26  bedeutet  s
47  bedeutet
2   bedeutet  t
38  bedeutet  a
44  bedeutet  g
4   bedeutet  e
26  bedeutet  s
47  bedeutet
26  bedeutet  s
38  bedeutet  a
44  bedeutet  g
2   bedeutet  t
4   bedeutet  e
47  bedeutet
42  bedeutet  d
8   bedeutet  i
4   bedeutet  e
47  bedeutet
44  bedeutet  g
13  bedeutet  r
14  bedeutet  o
26  bedeutet  s
26  bedeutet  s
```

Beispiel 43: Entschlüsseln

Aufgabenstellung:

Entwickeln Sie ein Programm, mit dessen Hilfe eine durch Beispiel 42 erzeugte Zahlenfolge wieder in Klartext umgewandelt werden kann.

Verfahren:

Da im Programm 42 mit Hilfe von INSTR ermittelt wurde, an welcher Stelle der zu verschlüsselnde Buchstabe im Schlüsseltext erstmals erscheint, kann hier unter Verwendung des identischen Schlüsseltextes einfach mittels MID$ der Buchstabe aus dem Schlüsseltext herausgegriffen werden, dessen Position gleich der eingegeben Zahl ist.

Als Abbruchkriterium wird die Eingabe der Zahl 0 gewählt, da diese im Rahmen des Programmes 42 als verschlüsselter Textbestandteil nicht ausgegeben werden kann, sofern der Schlüsseltext sämtliche benötigten Symbole des Eingabetextes enthält.

Übungen:

Ändern Sie das Programm so ab, daß der Schlüsselstring variabel wird, d.h. während des Programmablaufes eingegeben werden kann. Ändern Sie das Programm weiterhin so ab, daß der zweite Änderungsvorschlag von Programm 42 berücksichtigt wird.

```
REM Beispiel 43
REM Programm Entschlüsseln

schluessel$="0the1quick2brown3fox4jumps5over6the7lazy8dog9. "
INPUT "Zu entschlüsselnde Zahl " zahl
WHILE zahl<>0
  symbol$=MID$(schluessel$,zahl,1)
  PRINT zahl "  bedeutet   " symbol$
  INPUT "Zu entschlüsselnde Zahl " zahl
WEND
```

Beispiel 44: Wortkompression

Aufgabenstellung:

In den Schlüsseltexten der Aufgaben 42 und 43 werden die zu berücksichtigenden Symbole nur einmal benötigt. Die gewählte Schlüsselzeile enthält jedoch beispielsweise viermal das "o".

Schreiben Sie bitte ein Programm, das ein eingegebenes Schlüsselwort komprimiert, so daß jedes Symbol nur einmal übernommen wird und zwar an der Stelle, an der es zum ersten Mal auftaucht.

Beispiel :
Aus "abracadabra" werde "abrcd"

Verfahren:

Das zu komprimierende Wort wird unter "altwort$" verwaltet, für das komprimierte Wort wird mittels SPACE$(75) ein "neuwort$" mit 75 Leerzeichen eingerichtet.
Anschließend wird vom ersten bis zum letzten Buchstaben des Altwortes jeder Buchstabe mittels MID$ herauskopiert, durch INSTR festgestellt, an welcher Stelle des alten Wortes er zum <u>ersten</u> Mal auftaucht und mittels des <u>Befehls</u> MID$ an dieser Position in das neue Wort hineingeschrieben.
Auf diese Weise werden identische Buchstaben des alten Wortes stets auf die gleiche Stelle des neuen Wortes übertragen. Das neue Wort enthält im Normalfall weniger Buchstaben als das alte Wort; damit die Leerstellen nicht mit ausgedruckt werden, wird durch die letzten 4 Zeilen des Programmes ein Symbol des neuen Wortes nur gedruckt, wenn es sich nicht um die Leerstelle handelt. Dies ist sicherlich sinnvoll, wenn man einmal mehrere Worte hintereinander komprimieren will.

Übungen:

Ergänzen Sie das Programm dergestalt, daß man fortlaufend Wörter eingeben kann, die dann sofort komprimiert und über den Drucker ausgegeben werden.

```
REM Beispiel 44
REM Wortkompression

PRINT "Zu komprimierendes Wort (max 75 Symbole) "
INPUT altwort$
neuwort$ = SPACE$(75)

FOR index1=1 TO LEN(altwort$)
  a$ = MID$(altwort$,index1,1)
  index2 = INSTR(altwort$,a$)
  MID$(neuwort$,index2,1)=a$
NEXT

FOR lv=1 TO LEN(neuwort$)
  b$=MID$(neuwort$,lv,1)
  IF b$ <> " " THEN PRINT b$;
NEXT
```

```
REM Beispiel 45
REM Orthogonaltext
INPUT "Wieviel Zeilen sind einzulesen :" zeilenzahl
INPUT "Wieviel Symbole/Zeile maximal  :" symbolzahlprozeile
DIM text$(1:zeilenzahl)

CALL textzeilenweiseeinlesen
CALL textspaltenweiseausgeben

SUB textzeilenweiseeinlesen
  SHARED text$(), zeilenzahl , symbolzahlprozeile
  LOCAL zeile
  FOR zeile = 1 TO zeilenzahl
    LINE INPUT zeichenkette$
    text$(zeile) = SPACE$(symbolzahlprozeile)
    LSET text$(zeile) = zeichenkette$
  NEXT
END SUB

SUB textspaltenweiseausgeben
  LOCAL buchstabe, zeile
  SHARED text$() , zeilenzahl, symbolzahlprozeile
  FOR buchstabe = 1 TO symbolzahlprozeile
    FOR zeile = 1 TO zeilenzahl
      PRINT MID$(text$(zeile),buchstabe, 1);
    NEXT
  NEXT
END SUB
```

Was könnte folgende Zeile bedeuten:

Aslesh rd ehru nggrroisgs ew abro,e sbee

Beispiel 45: Orthogonaltext

Aufgabenstellung:

Formulieren Sie ein Programm, das einen zeilenweise eingegebenen Text senkrecht zur Eingaberichtung wieder ausgibt, also zunächst nacheinander die ersten Buchstaben sämtlicher Zeilen, dann nacheinander die zweiten Buchstaben dieser Zeilen und so fort bis zu den letzten Buchstaben der eingegebenen Zeilen.

Eingegeben werden sollen die gewünschte Zeilenzahl und die einzuhaltende Höchstzahl von Buchstaben pro Zeile. Sowohl die zeilenweise Eingabe als auch die spaltenweise Ausgabe des Textes sind als eigenständige Prozeduren zu formulieren.

Verfahren:

Der Text ist in eine eindimensionale Textliste einzulesen. Dabei wird die Zeichenkette einer jeden eingegebenen Zeile mittels LSET linksbündig in eine mit SPACE$(symbolzahlprozeile) vorbereitete leere Textzeile der gewünschten Länge eingefügt.
Die Ausgabe geschieht durch geschachtelte Schleifen, in denen mit Hilfe von MID$ Zeile für Zeile zunächst Buchstabe 1, dann Buchstabe 2 usw. aus den Textzeilen herauskopiert und gedruckt wird.

Hinweise/Erläuterungen:

Durch das Einfügen in vorbereitete Leerzeilen fester Länge soll erreicht werden, daß jede Textzeile bis zum letzten Anschlag definierte Symbole enthält und damit auch bearbeitet werden kann, selbst wenn der eingegebene String die maximale Länge nicht ausnutzt.

Übungen

Die beiden Prozeduren werden parameterlos aufgerufen. Verwenden Sie bitte Parameter!
Versuchen Sie sich bitte einmal an einem Programm, das einen eingegebenen Text diagonal ausgibt.

Beispiel 46: Fragmentabfrage

Aufgabenstellung:

Schreiben Sie bitte ein Programm, mit dessen Hilfe nach Eingabe von bis zu 2 bekannten Fragmenten eines Autokennzeichens Kennzeichen, Namen und Anschriften sämtlicher KFZ-Halter ausgegeben werden, in deren KFZ-Kennzeichen die eingegebenen Fragmente sämtlich enthalten sind.

Kennzeichen, Namen und Anschriften der KFZ-Halter sollen als DATA-Zeilen im Programm enthalten sein.

Verfahren:

In einer Wiederholungsschleife werden bis zu zwei Fragmente eingelesen; die Schleife wird vorzeitig verlassen, wenn statt eines Fragmentes die RETURN-Taste gedrückt wird, der eingegebene String also die Form "" hat.
Im Anschluß daran werden Kennzeichen, Namen und Anschriften der drei existierenden DATA-Zeilen gelesen; falls <u>beide</u> eingegebenen Fragmente im Kennzeichen enthalten sind

```
IF INSTR( ...) AND INSTR(...) <> 0 = THEN ...
```

werden das entsprechende Kennzeichen, der Name und die Anschrift ausgedruckt, ebenso, wenn das erste Fragment enthalten ist und das zweite gleich "" ist, d.h. nicht bekannt war - siehe letzter Teil der Zeile 14.

Hinweise/Erläuterungen:

Bei der Abfrage mit INSTR wurde intensiv von der Möglichkeit Gebrauch gemacht, Zeilen mit einem Unterstrich _ zu beenden und in der nächsten Zeile weiter zu schreiben; Turbo BASIC faßt diese Zeilen dann als eine zusammengehörige Zeile auf.

Übungen:

Erweitern Sie das Programm dergestalt, daß die einzugebenden Fragmente sich nicht nur auf das KFZ-Kennzeichen beziehen müssen sondern auch aus dem Namen oder der Anschrift stammen können.

Ändern Sie das Programm weiterhin so ab, daß die benötigten Daten aus einer Floppy - Datei eingelesen werden können. (Vgl. hierzu Beispiele Teil 5.3). Schließen Sie weiterhin aus, daß man durch einfachen Druck auf Return sämtliche Daten abrufen kann.

```
REM Beispiel 46
REM Programm Fragmentabfrage

DATA "HH - C 461","Alfons Abel","Korngasse 11"
DATA "OS - C 4546","Gerhard Justinski","Parkstraße 13"
DATA "M - DE 1234","Alois Mattern","Luisenstr. 12a"

PRINT "Maximal 2 bekannte Fragmente eingeben  "
eingabe=0
DO
  INCR eingabe
  INPUT fragment$(eingabe)
LOOP UNTIL fragment$(eingabe)="" OR eingabe=2

FOR lv = 1 TO 3
  READ kennzeichen$,namen$,anschrift$
  IF INSTR(kennzeichen$,fragment$(1)) AND_
                           INSTR(kennzeichen$,fragment$(2))<>0_
                        OR INSTR(kennzeichen$,fragment$(1)) AND_
                                         fragment$(2) = "" <>0_
                                                          THEN
    PRINT kennzeichen$" "namen$" "anschrift$
  END IF
NEXT
```

<u>Ergebnisse</u>:

```
Maximal 2 bekannte Fragmente eingeben
H
46
HH - C 461 Alfons Abel Korngasse 11

Maximal 2 bekannte Fragmente eingeben
M
E
M - DE 1234 Alois Mattern Luisenstr. 12a

Maximal 2 bekannte Fragmente eingeben
4

HH - C 461 Alfons Abel Korngasse 11
OS - C 4546 Gerhard Justinski Parkstraße 13
M - DE 1234 Alois Mattern Luisenstr. 12a

Maximal 2 bekannte Fragmente eingeben
     ((Return))

HH - C 461 Alfons Abel Korngasse 11
OS - C 4546 Gerhard Justinski Parkstraße 13
M - DE 1234 Alois Mattern Luisenstr. 12a
```

Beispiel 47: Drei Chinesen mit dem ...

Aufgabenstellung:

Das Kinderlied, bei dem der Reihe nach die Vokale in den Zeilen "Drei Chinesen mit dem Kontrabass..." in jeder neuen Strophe vollständig durch a, e, i, o, u ersetzt werden, ist mit Hilfe eines Programmes nachzuvollziehen. Der Vokaltausch soll im Rahmen von Prozeduren durchgeführt werden.

Verfahren:

Die Verszeilen sind als DATA-Zeilen im Programm enthalten. (Mir sind leider nur noch zwei Zeilen eingefallen ...)

Nach Festlegung eines einzufügenden Buchstabens wird jeweils die Prozedur "zeilen lesen aendern drucken" aufgerufen.

Innerhalb dieser Prozedur wird zunächst der DATA-Zeiger auf den Anfang der DATA-Zeilen gesetzt, dann werden die 4 Zeilen gelesen; nach dem Lesen einer jeden Zeile wird aus dieser Prozedur heraus die Prozedur "vokaltausch" aufgerufen, in der mittels INSTR und MID$ der eigentliche Tausch vorgenommen wird. Anschließend wird im Rahmen der ersten Prozedur die geänderte Zeile ausgedruckt.

Hinweise/Erläuterungen:

Die Prozedur "vokaltausch" wird mit Parametern aufgerufen, wobei als aktuelle Parameter Variable verwendet werden. Damit werden keine Kopien gefertigt; "vokaltausch" wirkt direkt auf den aktuellen Buchstaben und die aktuelle Zeile ein.

Übungen

Verändern Sie das Programm dergestalt, daß
a) der Ausgangstext auch gedruckt wird,
b) die neu einzusetzenden Buchstaben beliebig gewählt werden können.

```
REM Beispiel 47
REM Drei Chinesen mit dem .....

DATA "Drei Chinesen mit dem Kontrabass, "
DATA "sassen auf der Strasse und erzählten sich was"
DATA ""
DATA ""

buchstabe$ = "a"
CALL zeilenlesenaenderndrucken
buchstabe$ = "e"
CALL zeilenlesenaenderndrucken
buchstabe$ = "i"
CALL zeilenlesenaenderndrucken
buchstabe$ = "o"
CALL zeilenlesenaenderndrucken
buchstabe$ = "u"
CALL zeilenlesenaenderndrucken

SUB zeilenlesenaenderndrucken
  SHARED buchstabe$
  LOCAL lv
  RESTORE
  FOR lv = 1 TO 4
    READ zeile$
    CALL vokaltausch(buchstabe$,zeile$)
    PRINT zeile$
  NEXT
END SUB

SUB vokaltausch(vokal$,zeile$)
  LOCAL lv
  FOR lv = 1 TO LEN(zeile$)
    IF INSTR("aeiouäöü",MID$(zeile$,lv,1)) THEN_
                                        MID$(zeile$,lv,1) = vokal$
  NEXT
END SUB
```

<u>Ergebnisse</u>:

```
Draa Chanasan mat dam Kantrabass,
sassan aaf dar Strassa and arzahltan sach was


Dree Chenesen met dem Kentrebess,
sessen eef der Stresse end erzehlten sech wes


Drii Chinisin mit dim Kintribiss,
sissin iif dir Strissi ind irzihltin sich wis


Droo Chonoson mot dom Kontroboss,
sosson oof dor Strosso ond orzohlton soch wos


Druu Chunusun mut dum Kuntrubuss,
sussun uuf dur Strussu und urzuhltun such wus
```

Beispiel 48: Textanalyse

Aufgabenstellung:

Bei meiner mündlichen Abiturprüfung im Fach Deutsch mußte ich u.a. die relative Häufigkeit des Auftretens der Buchstaben "i" und "r" in einem Gedicht, das sich mit dem Winter beschäftigte, ermitteln, um dann Rückschlüsse auf Sprachmittel etc. ziehen zu können. Diese Aufgabenstellung ist mir unvergessen geblieben, heute würde ich die Arbeit des Buchstabenzählens aber gern einem Computer übertragen.

Verfahren:

Zunächst wird ein eindimensionales Textfeld zur Speicherung des einzugebenden Textes dimensioniert; jeweils eine Zeile soll in einem Element dieses Feldes gespeichert werden.

Die Eingabe der Textzeilen wird abgebrochen, wenn die festgelegte Anzahl erreicht ist oder wenn die eingegebene Textzeile die Länge Null hat, d.h. wenn nur Return gedrückt wurde.

Im Hauptteil des Programms, Zeilen 13 bis 21, wird Zeile für Zeile Buchstabe für Buchstabe durchgesehen; sofern der betrachtete "Buchstabe" kein Leerzeichen ist, wird der Zähler für die insgesamt gefundenen Symbole erhöht - handelt es sich darüberhinaus um einen der Buchstaben "RrIi", so wird auch der Zähler für die zu suchenden Buchstaben erhöht.

Übungen:

Ändern Sie das Programm so ab, daß der Benutzer die zu suchenden Buchstaben selbst eingeben kann. Weiterhin sollten Sie die Funktionen UCASE$ oder LCASE$ einsetzen, um die Doppelnennung von Groß- und Kleinbuchstaben in diesem Programm überflüssig werden zu lassen.
Satzzeichen werden in der vorliegenden Fassung als Buchstaben gezählt - ändern Sie dies bitte.

```
REM Beispiel 48
REM Programm Textanalyse

PRINT " Geben Sie bitte den Text zeilenweise ein,"
PRINT " d.h. drücken Sie am Ende der Zeile RETURN "
INPUT " Wieviel Zeilen wollen Sie eingeben (max): " zeilen
DIM text$(1:zeilen)
anzahl=0
DO
  INCR anzahl
  LINE INPUT text$(anzahl)
LOOP UNTIL anzahl=zeilen OR LEN(text$(anzahl))=0

zaehler=0 : symbole=0
FOR zeile=1 TO anzahl
  FOR buchstabe=1 TO LEN(text$(zeile))
    b$=MID$(text$(zeile),buchstabe,1)
    IF b$ <> " " THEN
      INCR symbole
      IF INSTR("RrIi",b$) THEN INCR zaehler
    END IF
  NEXT
NEXT
PRINT "Symbole insgesamt         : ";symbole
PRINT "Gesuchte Buchstaben RrIi : ";zaehler
PRINT "Relative Häufigkeit       : ";zaehler/symbole
PRINT
PRINT "((Und was besagt das nun???))"
```

Eingabe:

```
Die Torte

Ein Mensch kriegt eine schoene Torte.
Drauf stehn in Zuckerguss die Worte:
"Zum heutigen Geburtstag Glueck!"
Der Mensch isst selber nicht ein Stueck,
doch muss er in gewaltigen Keilen
das Wunderwerk ringsum verteilen.
Das "Glueck", das "heu", der "Tag" verschwindet,
und als er nachts die Torte findet,
da ist der Text nur mehr ganz kurz.
Er lautet naemlich nur noch: ... "burts"...
Der Mensch, zur Freude jaeh entschlossen,
hat diesen Rest vergnuegt genossen.

                              Eugen Roth
```

Ergebnisse:

```
Symbole insgesamt         :  388
Gesuchte Buchstaben RrIi :  49
Relative Häufigkeit       :  .1262886597938144

((Und was besagt das nun???))
```

Beispiel 49: Suchwort

Aufgabenstellung:

Es gab vor einigen Jahren eine Fernsehsendung, in deren Verlauf Kandidaten u.a. ein zufällig ausgewähltes Wort dadurch erraten mußten, daß sie Buchstaben nennen durften und daraufhin jeweils angezeigt wurde, ob und an welcher Stelle diese Buchstaben im Suchwort enhalten sind.
Schreiben Sie bitte ein entsprechendes Programm. Die Kandidaten sollen unbegrenzt die Möglichkeit haben, neue Buchstaben anzeigen zu lassen und anschließend das Wort erraten zu können; das Programm soll beendet werden, wenn entweder mittels der Buchstaben das Suchwort vollständig dargestellt oder dieses Wort korrekt geraten wurde.

Verfahren:

Die zu erratenden Wörter sind in DATA-Zeilen enthalten. Im Rahmen der Prozedur "zufallswortwaehlen" wird ein "suchwort$" zufällig ausgewählt und anschließend wird das Wort "versuch$" mit der gleichen Länge aus Leerzeichen gebildet. Beide Worte werden mittels SHARED dem Hauptprogramm zur Verfügung gestellt.
Im Rahmen des Hauptprogrammes werden die Kandidaten nun aufgefordert, ein Symbol einzugeben, das - sofern im "suchwort$" vorhanden - an den richtigen Stellen in das Wort "versuch$" eingefügt wird.
Dieses Einfügen geschieht in der entsprechend bezeichnten Prozedur, wobei Buchstabe für Buchstabe des Suchwortes überprüft wird, ob das eingegebene Symbol im Suchwort an dieser Stelle enthalten ist; <u>INSTR</u> muß daher <u>mit 3 Argumenten</u> eingesetzt werden, wobei der erste Wert angibt, ab welchem Buchstaben des Suchwortes geprüft werden soll, ob das eingegebene Symbol b$ im Suchwort enthalten ist. Andernfalls würde INSTR stets die Position des ersten Vorkommens anzeigen und man könnte keine mehrfach vorkommenden Buchstaben stellenrichtig in das Wort "versuch$" einfügen.
Eingefügt wird natürlich nur, wenn INSTR einen Wert größer Null annimmt, das betreffende Symbol also enthalten ist.
Nach Ausgabe des so bearbeiteten Wortes "versuch$" und der Überprüfung auf Identität mit dem zu suchenden Wort im Hauptprogramm haben die Spieler jetzt Gelegenheit, einmal zu raten; haben sie

dabei mit ihrer Antwort das Suchwort erraten, so wird das Programm beendet, andernfalls kann erneut ein Symbol eingeben werden.

Hinweise/Erläuterungen:

Versuche eines Spielers, mehr als einen Buchstaben einzugeben, werden einfach dadurch abgefangen, daß die Eingabe von b$ mittels INPUT$(1) erfolgt.

```
REM Beispiel 49
REM Programm Suchwort

DATA "lokomotive","apfeltorte","syntaxerror"
DATA "unterwasserboot","fischdampfer"
DATA "monitor","computer","commodore pc 20"

CALL zufallswortwaehlen

DO
  PRINT "Symbol  ? "
  b$ = INPUT$(1)
  CALL symbolinversucheinfuegen
  PRINT versuch$
  IF versuch$=suchwort$ THEN
    PRINT "Gut, Sie haben es geschafft"
  ELSE
    INPUT "Wie könnte das Wort lauten " antwort$
    IF antwort$=suchwort$ THEN
      PRINT " Richtig geraten"
    ELSE
      PRINT "Leider falsch"
    END IF
  END IF
LOOP UNTIL versuch$=suchwort$ OR antwort$=suchwort$

SUB  zufallswortwaehlen
  SHARED suchwort$ , versuch$
  LOCAL wort
  zufallszahl =FNzufallszahl(1,8)
  FOR wort =1 TO zufallszahl :  READ suchwort$ : NEXT
  versuch$ = SPACE$(LEN(suchwort$))
END SUB

SUB symbolinversucheinfuegen
  SHARED suchwort$, versuch$ , b$
  FOR buchstabe = 1 TO LEN(suchwort$)
    position = INSTR(buchstabe, suchwort$, b$)
    IF position  > 0 THEN MID$(versuch$, position, 1) = b$
  NEXT
END SUB

DEF FNzufallszahl(x,y)
  RANDOMIZE TIMER
  FNzufallszahl = CINT(RND*(y-x)+x)
END DEF
```

Beispiel 50: Schwadel-Tabelle

Aufgabenstellung:

1972 erschien im falken-Verlag eine kleines Heftchen, "Schwadeln leicht gemacht", Autoren: K. Wießing und B. Hufen. In diesem natürlich (nicht) ernst gemeinten Heftchen wurde demonstriert, daß man mit Hilfe von willkürlich aus drei Worttabellen zusammengefügten Kombinationen möglichst anspruchsvoll klingender Wörter Texte, Briefe und Informationsmaterialien höchst wirkungsvoll aufbessern kann. Dabei müssen sich das zweite und das dritte Wort zu einem Hauptwort zusammensetzen lassen; das erste Wort muß eine sinnvolle Ergänzung bilden können.

Beispiel, mit Hilfe des unten aufgelisteten Programmes erzeugt:

"projektive Akkumulations-Dominanz"

Hätte es 1972 bereits Heimcomputer gegeben, den Abschluß des Heftchens hätte mit Sicherheit ein BASIC-Programm gebildet, mit dessen Hilfe man aus drei Gruppen von Wörtern oben beschriebene Zufallswortkombinationen hätte bilden lassen können.

Hier wird ein derartiges Programm nachgeliefert; natürlich in der aktuellsten BASIC-Version : Turbo BASIC !

Verfahren:

Die Wortgruppen sind als DATA-Zeilen im Programm enthalten, wobei die einzelnen Gruppen durch Sprungmarken getrennt werden.
Gezählt werden die Wörter in den einzelnen Gruppen, indem durch RESTORE bzw. "RESTORE sprungmarke" der DATA-Zeiger gezielt auf einzelne Elemente gesetzt wird und die nachfolgenden Daten bis zum "ENDE" durchgezählt werden. Da dreimal zu zählen ist, bot sich an, den Zählvorgang selbst als gesonderte Prozedur aufzuführen, die mittels Parameter aufgerufen wird und so automatisch den benötigten Wert dem Hauptprogramm zur Verfügung stellt.

```
REM Beispiel 50
REM Schwadel-Tabelle
DATA "restriktive" ,"projektive" ,"situative"
DATA "progressive" ,"kumulative"
markel:
DATA "Informations-","Situations-","Akkumulations-"
DATA "Figurations-"
marke2:
DATA "Relevanz" ,"Perzeptanz" ,"Akzeptanz" ,"Dominanz"
DATA "Kumulanz" ,"Toleranz"
DATA "ENDE"
CALL woerterzaehlen
CALL zufallswoerterwaehlen(gruppel, gruppe2, gruppe3)
CALL zufallswoerterdrucken(wortl, wort2, wort3)

SUB woerterzaehlen
  SHARED gruppel, gruppe2, gruppe3
  LOCAL gesamt
  RESTORE
  CALL zaehle(gesamt)
  RESTORE markel
  CALL zaehle(datenabmarkel)
  RESTORE marke2
  CALL zaehle(datenabmarke2)
  gruppel = gesamt - datenabmarkel
  gruppe2 = gesamt - gruppel- datenabmarke2
  gruppe3 = gesamt - gruppel - gruppe2
END SUB

SUB zaehle(zahl)
  zahl = -1
  DO
    READ daten$
    INCR zahl
  LOOP UNTIL daten$ = "ENDE"
END SUB

SUB zufallswoerterwaehlen(gruppel, gruppe2, gruppe3)
  SHARED wortl, wort2, wort3
  wortl = FNzufallszahl(1, gruppel)
  wort2 = FNzufallszahl(1, gruppe2)
  wort3 = FNzufallszahl(1, gruppe3)
END SUB

SUB zufallswoerterdrucken(wortl, wort2, wort3)
  LOCAL lv
  RESTORE
  FOR lv = 1 TO wortl : READ daten$ : NEXT : PRINT daten$ " ";
  RESTORE markel
  FOR lv = 1 TO wort2 : READ daten$ : NEXT : PRINT daten$;
  RESTORE marke2
  FOR lv = 1 TO wort3 : READ daten$ : NEXT : PRINT daten$
  PRINT
END SUB

DEF FNzufallszahl(x, y)
  RANDOMIZE TIMER
  FNzufallszahl = CINT(RND*(y-x)+x)
END DEF
```

5.3 Struktur und Bausteine eines einfachen Dateiverwaltungsprogramms

Die Beispielprogramme dieses Abschnittes sind voneinander abhängig, da sie sinnvoll kombiniert ein funktionsfähiges Gesamtprogramm bilden sollen. Die Einzelprogramme müssen sich also widerspruchsfrei in eine Gesamtstruktur einfügen.

Diese Gesamtstruktur ist somit wichtiger ist als eine Einzelaktivität, die leicht geändert werden kann. Daher sollte man zunächst die Struktur des Gesamtprogramms aufstellen und testen, ohne die Einzelaktivitäten bereits zu formulieren. In der Sprache Turbo BASIC ist dies leicht zu bewerkstelligen.

Vorschlag zur Erstellung eines Dateiverwaltungsprogramms:

1) Der geplante Inhalt eines Datensatz, einer "Karteikarte", wird festgelegt; außerdem werden Variable für

- den Namen der gesamten Datei (datei$)
- die Anzahl der maximal zu verwaltenden Sätze (max)
- die Anzahl der Eintragungen je Satz (woerter) und
- die Bezeichnung für die aktuelle Satzanzahl der Datei (anzahl)

bereits jetzt festgelegt, da man auf diese Variablen im Rahmen der meisten Aktivitäten wird zurückgreifen müssen.

2) Die vom Programm erwarteten Leistungen werden festgelegt und in Form eines Blockschemas zusammengestellt, wobei die einzelnen Blöcke von einem Hauptverteiler aus angesprochen werden. Da innerhalb eines Programmablaufes nur einmal dimensioniert werden darf, ist es sinnvoll, einen gesonderten Block "Dimensionierungen" vor den Hauptverteiler zu schalten, da so versehentliche Redimensionierungen ausgeschlossen werden.

Das Gesamtprogramm hat damit z.B. folgende Struktur erhalten:

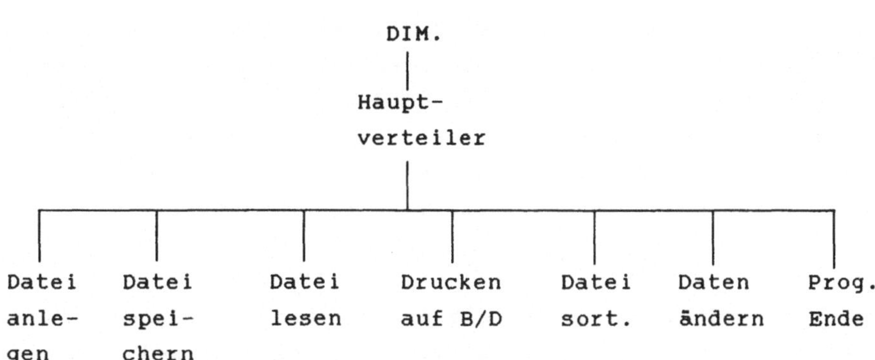

Jeder Block könnte nun weiter unterteilt werden. So könnte man z.B. alternative Sortierverfahren zur Verfügung stellen; hier soll einmal der Block "Daten ändern" unterteilt werden in die Aktivitäten "Daten suchen", "Daten korrigieren" und "Daten löschen".
Mit der Unterteilung wird aus dem bisherigen Block "Daten ändern" ein Unterverteiler, von dem aus die drei beschriebenen Aktivitäten angewählt werden können; außerdem muß ein gezielter Rücksprung zum Hauptverteiler möglich sein.

Die verfeinerte Struktur sieht dann wie folgt aus:

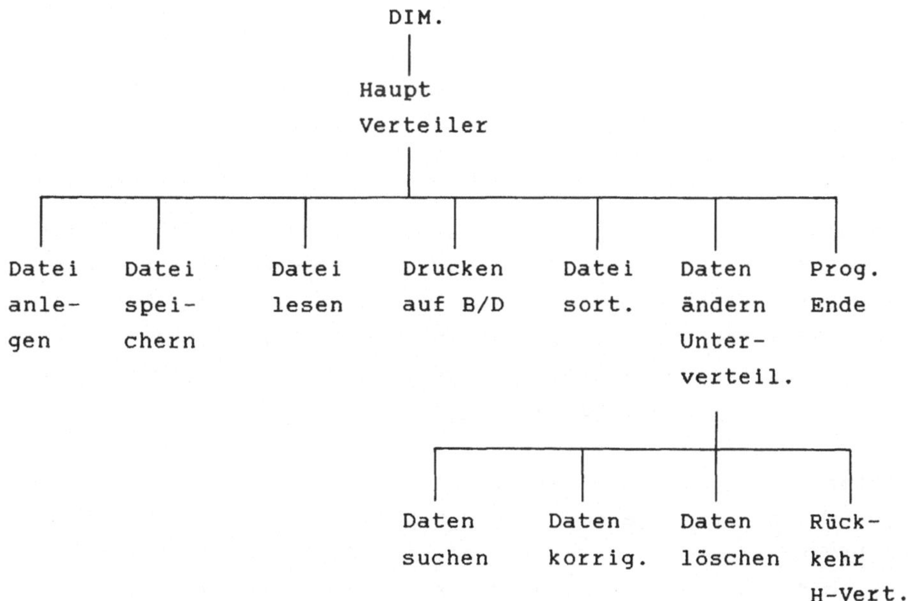

3) Diese Gesamtstruktur kann jetzt codiert und getestet werden. Nach Ergänzung des reinen Strukturteils durch Leerprozeduren, die nur einen entsprechenden Hinweis auf dem Bildschirm ausgeben, kann man bereits in diesem Stadium des Gesamtprogrammes feststellen, ob die einzelnen Aufrufe widerspruchsfrei sind und ob das Gesamtprogramm im Prinzip das leistet, was man sich vorgestellt hat.

Um sinnvoll testen zu können, sollten die Leerprozeduren genauso aufgerufen werden, wie später die endgültigen Prozeduren. Zunächst ist also festzulegen, welche Variablen welcher Prozedur in welcher Form zur Verfügung gestellt werden sollen.

Jede Prozedur benötigt die "datei$"; sie muß weiterhin mit der "anzahl" der aktuellen Datensätze arbeiten und sie muß wissen, wieviel "woerter" zu einem Datensatz gehören.

Die Prozeduren zum Anlegen der Datei sowie die Prozedur, die Daten vom externen Speicher einliest, müssen darüberhinaus die Grenze der "max"-imal zu verwaltenden Datensätze berücksichtigen.

Sofern die Prozeduren diese Informationen nur zu berücksichtigen haben, sollten die Informationen den Prozeduren in Form einer Kopie <u>- Wertübergabe -</u>

zur Verfügung gestellt werden; hierdurch wird ausgeschlossen, daß unbeabsichtigt durch eine Prozedur ein im Hauptprogramm festgelegter Wert verändert wird.

Diejenigen Informationen, die von der Prozedur selbst geändert und in geänderter Form dem Hauptprogramm und damit den anderen Prozeduren zur Verfügung gestellt werden müssen, sind den Prozeduren in einer Form zu übergeben, die eine Rückwirkung auf den Bereich des Hauptprogramms überhaupt erst ermöglicht:

<u>- Adressübergabe -</u>.

Letzteres betrifft die "datei$" selbst, die ja in fast allen Prozeduren nachhaltig geändert werden kann, sowie die "anzahl" aktueller Datensätze, die in den Prozeduren "Datei anlegen", "Datei lesen" und in der Prozedur "Daten löschen" für alle Teilprogramme bindend verändert werden kann.

Damit liegt fest, daß die Prozeduren über Parameter angesprochen werden müssen. Wird ein Feld als Parameter verwendet, so führt Turbo BASIC automatisch eine Adressübergabe durch; die übrigen aktuellen Parameter in der aufrufenden Zeile müssen in Klammern gesetzt werden, um eine Wertübergabe zu erzeugen.
Nur in den drei oben genannten Ausnahmefällen ist der aktuelle Parameter "anzahl" ohne Klammern zu verwenden, um eine Adressübergabe zu erzeugen.

Die Codierung der Gesamtstruktur selbst bietet nun keine weiteren Schwierigkeiten. Nach dem Dimensionierungsteil ist eine sinnvolle Bildschirmausgabe der Menüpunkte zu organisieren; die einzugebende Wahl des Benutzers kann in einer Mehrfachauswahlstruktur weiter verarbeitet werden, in der lediglich die gewünschten Prozeduren mittels Parametern gemäß der oben beschriebenen Systematik aufgerufen werden.
Die Prozedur "Ändern im Arbeitsspeicher" stellt ihrerseits einen Verteiler dar, der entsprechend zu behandeln ist.
Abschließend formulieren Sie Leerprozeduren für die übrigen Prozeduraufrufe.

Nunmehr liegt ein funktionsfähiges Programm vor, das Sie zunächst einmal testen sollten.
Der Aufruf des Compilers macht Sie auf evtl. vorhandene Fehler hinsichtlich der Syntax oder der Prozeduraufrufe aufmerksam; haben Sie diese Fehler beseitigt, so können Sie, sofern Sie in die Leerprozeduren eine Warteschleife eingebaut haben, ausführlich testen, ob die Gesamtstruktur das hält, was Sie sich versprochen haben. Evtl. können Sie ein paar Testdaten im Hauptprogramm festlegen und deren Veränderungen nachvollziehen.

4) Erst wenn dieses Strukturprogramm zufriedenstellend funktioniert, sollten Sie die einzelnen Prozeduren ausführen. Jede dieser Prozeduren können Sie mit dem Compiler auf formale Fehler testen, bevor Sie sie z.B. auf einer Diskette speichern.

5) Schließlich ist aus Strukturprogramm und endgültigen Prozeduren ein Gesamtprogramm zusammenzusetzen.

Hier haben Sie die im Abschnitt 4.6 beschriebenen Möglichkeiten. In diesem Band wird die Verbindung mittels $INCLUDE benutzt, um einerseits nicht zuviel Platz zu verbrauchen und andererseits dennoch ein übersichtliches Gesamtprogramm abschließend aufführen zu können.

Mit den folgenden Aufgaben sollen die Elemente des hier beschriebenen Dateiverwaltungsprogrammes erarbeitet werden. Dabei wird jeweils nur ein Grundgerüst zur Verfügung gestellt - insbesondere Ergänzungen, die dem Komfort dienen, müssen selbst vorgenommen werden. Weiterhin wird z.B. zwar die Höchstzahl der Datensätze "max" an die betreffenden Prozeduren übergeben, sie wird dort aber nicht entsprechend verarbeitet. Als generelle Übungsaufgabe sei hier angeregt, diese Punkte sowie geeignete Reaktionen auf sonstige Fehlermöglichkeiten in die Prozeduren selbst einzufügen.

Beispiel 51: Dateiverwaltung/Strukturprogramm

Aufgabenstellung:

Das dem vorgestellten Gesamtdiagramm entsprechende Strukturprogramm ist zu formulieren.

Verfahren:

Die in den vorangehenden Seiten aufgeführten Überlegungen zum Aufruf der Prozeduren sind zu berücksichtigen; der größeren Übersichtlichkeit halber sind als aktuelle und formale Parameter stets die gleichen Bezeichnungen zu verwenden.

```
REM Beispiel 51
REM Datei-Struktur
CLS
INPUT "Maximalzahl der Sätze :" max
woerter = 3
PRINT "Anzahl Daten pro Satz :   3"
DELAY 1 : REM Wartezeit 1 Sekunde
DIM datei$(1:max,1:woerter+1) : REM + 1 Sortierstring
DATA "Name      :","Vorname   :","Geb.Datum:"
anzahl=0

REM Hauptmenue
DO
  CLS
  PRINT
  PRINT "Dateiverwaltung ";max;"Sätze /";woerter;"Daten je Satz"
  PRINT
  PRINT "Datei anlegen/verlängern ZE   ...........1"
  PRINT
  PRINT "Datei speichern   ........................2"
  PRINT
  PRINT "Datei einlesen    ........................3"
  PRINT
  PRINT "Daten ausdrucken B/D         .............4"
  PRINT
  PRINT "Daten sortieren in der ZE ...............5"
  PRINT
  PRINT "Datei ändern in der ZE    ...............6"
  PRINT
  PRINT "Programmende              ...............9"
  LOCATE 22,15
  PRINT "Verwaltet werden zur Zeit " anzahl " Datensätze"
  LOCATE 18,30
  INPUT "Ihre Wahl "  wahl
  SELECT  CASE wahl
  CASE 1
    CALL anlegenverl(datei$(),(max),anzahl,(woerter))
  CASE 2
    CALL speichern(datei$(),(anzahl),(woerter))
  CASE 3
    CALL lesen(datei$(),max,anzahl,(woerter))
  CASE 4
    CALL datenausdrucken(datei$(),(anzahl),(woerter))
  CASE 5
    CALL sortiereninderze(datei$(),(anzahl),(woerter))
  CASE 6
    CALL aendernimarbeitsspeicher(datei$(),anzahl,(woerter))
  CASE 9
    CALL ende
  CASE ELSE
    PRINT "Fehleingabe"
  END SELECT
LOOP UNTIL wahl=9
```

```
SUB aendernimarbeitsspeicher( datei$(2), anzahl, woerter)
  DO
    CLS
    PRINT "                            Verteiler Ändern"
    PRINT "                    --------------------------------"
    PRINT "                      Suchen                .........1"
    PRINT
    PRINT "                      Korrigieren           .........2"
    PRINT
    PRINT "                      Löschen               .........3"
    PRINT
    PRINT "                      Rückkehr Hauptverteiler  9"
    PRINT
    LOCATE 22,15
    PRINT "Verwaltet werden zur Zeit "anzahl "Datensätze"
    LOCATE 18,30
    INPUT "Ihre Wahl " wahl2
    SELECT CASE wahl2
    CASE 1
      CALL datensuchen(datei$(),(anzahl),(woerter))
    CASE 2
      CALL datenkorrigieren(datei$(),(anzahl),(woerter))
    CASE 3
      CALL datenloeschen(datei$(),anzahl,(woerter))
    CASE 9
      CALL rueckkehrhauptverteiler
    CASE ELSE
      PRINT "Fehleingabe"
    END SELECT
  LOOP UNTIL wahl2=9
END SUB
SUB rueckkehrhauptverteiler
  DELAY 1 : REM Wartezeit 1 Sekunde
END SUB
SUB anlegenverl( datei$(2), max, anzahl, woerter)
  PRINT "Datensätze sind einzugeben"
  PRINT "Weiter : Bitte   'W' eingeben"
  DO : a$ = INKEY$ : LOOP WHILE a$ <> "W"
END SUB
SUB speichern( datei$(2), anzahl, woerter)
  PRINT "Eingelesene Daten auf Floppy speichern"
  PRINT "Weiter : Bitte  'W' eingeben"
  DO : a$ = INKEY$ : LOOP WHILE a$ <> "W"
END SUB
SUB lesen( datei$(2), max, anzahl, woerter)
  PRINT "Daten von der Floppy lesen"
  PRINT "Weiter : Bitte 'W' eingeben"
  DO : a$ = INKEY$ : LOOP WHILE a$ <> "W"
END SUB
SUB datenausdrucken( datei$(2), anzahl, woerter)
  PRINT "Eingelesene Daten alternativ über B/D in Grenzen"_
  PRINT "Weiter : Bitte 'W' eingeben"                " ausdrucken "
  DO : a$ = INKEY$ : LOOP WHILE a$ <> "W"
END SUB
SUB sortiereninderze( datei$(2), anzahl, woerter)
  PRINT "Eingelesene Daten sortieren"
  PRINT "Weiter : Bitte 'W' eingeben"
  DO : a$ = INKEY$ : LOOP WHILE a$ <> "W"
END SUB
```

```
SUB datensuchen( datei$(2), anzahl, woerter)
  PRINT "Daten werden durchsucht"
  PRINT "Weiter : Bitte 'W' eingeben"
  DO : a$ = INKEY$ : LOOP WHILE a$ <> "W"
END SUB
SUB datenkorrigieren( datei$(2), anzahl, woerter)
  PRINT "Daten ändern"
  PRINT "Weiter : Bitte 'W' eingeben"
  DO : a$ = INKEY$ : LOOP WHILE a$ <> "W"
END SUB
SUB datenloeschen( datei$(2), anzahl, woerter)
  PRINT "Daten werden gelöscht"
  PRINT "Weiter : Bitte 'W' eingeben"
  DO : a$ = INKEY$ : LOOP WHILE a$ <> "W"
END SUB
SUB ende
  PRINT "Programm korrekt abschließen"
  PRINT "Programm wird auf beliebigen Tastendruck verlassen"
  DO : a$ = INKEY$ : LOOP WHILE a$ <> ""
END SUB
```

Beispiel 52: Prozedur Datei anlegen/verlängern

Aufgabenstellung:

Eine Prozedur mit den formalen Parametern des zweidimensionalen Feldes datei$(2), max, anzahl und woerter ist zu formulieren, mit deren Hilfe die angesprochene zweidimensionale Text-Datei im Arbeitspeicher angelegt bzw. verlängert werden kann. Einzugeben ist die Anzahl der einzulesenden Sätze; ein vorzeitiger Abbruch muß jederzeit durch die Eingabe von "***" möglich sein.

Verfahren:

Wie bei den weiteren Prozeduren auch wird die Datei, die aus mehreren Sätzen besteht, die ihrerseits wiederum aus verschiedenen Wörtern bestehen, als zweidimensionales Textfeld aufgefaßt. In diesem Beispiel hat das Feld "datei$( )" "anzahl" Zeilen und 3 Spalten. Daher kann das Einlesen der Datei wie das zeilen- und spaltenweise Einlesen einer Matrix gehandhabt werden.
Um beim Einlesen eines Wortes stets einen sinnvollen Kommentar ausgeben zu können, werden die Kommentare im Hauptprogramm als DATA-Zeile abgelegt, von der Prozedur aus aufgerufen und bei der Eingabe des zugehörigen Wortes als Kommentar ausgegeben; auf diese Weise ist z.B. eine Sprachanpassung der Kommentare leicht möglich.

Durch die Eingabe des normalerweise sicher nicht vorkommenden Strings "***" wird in der fünftletzten Zeile mit EXIT SUB zum Prozedurende gesprungen und die Prozedur damit verlassen.

Um die Prozedur nicht nur für die Erstanlage einer Datei sondern auch für die Verlängerung einer bereits im Arbeitsspeicher befindlichen Datei verwenden zu können, läuft die Nr. der einzugebenden Sätze von "anzahl+1" bis "anzahl+x"; mit "anzahl" wird ja vereinbarungsgemäß die aktuelle Zahl bereits im Arbeitsspeicher befindlicher Sätze bezeichnet.

Die Variable "anzahl" wird nur beim Start des Hauptprogrammes auf Null gesetzt - vgl. Zeile 10 des Strukturprogrammes; von der hier behandelten Prozedur "Anlegen/verlängern" sowie den Prozeduren "Datei lesen" und "Daten löschen" kann der Inhalt von "anzahl" geändert werden.

```
REM Beispiel 52
SUB anlegenverl(datei$(2), max, anzahl, woerter)
  LOCAL satz, wort, daten$
  CLS
  PRINT "Wieviele Datensätze sind einzugeben (max:";max;") ";
  INPUT x
  PRINT "Vorzeitiger Abbruch möglich durch Eingabe von  ***  "
  PRINT
  FOR satz = anzahl+1 TO anzahl+x
    RESTORE
    FOR wort = 1 TO woerter
      READ daten$
      PRINT daten$;
      INPUT datei$(satz,wort)
      IF datei$(satz,wort)="***" THEN EXIT SUB
    NEXT
    INCR anzahl
  NEXT
END SUB
```

Beispiel 53: Prozedur Datei speichern

Aufgabenstellung:

Formulieren Sie eine in das Gesamtprogramm einfügbare Prozedur, mit deren Hilfe eine im Arbeitsspeicher befindliche Datei unter einem frei wählbaren Namen auf ebenso wählbarem Laufwerk gespeichert wird. Hierbei sollen die Wahlmöglichkeiten der Neuanlage sowie der Verlängerung einer bereits bestehenden Datei existieren.

Verfahren:

Zunächst wird unter "dateibezeichnung$" Laufwerk und Dateiname zusammengefaßt. Mit INSTR wird geprüft, ob die Dateibezeichnung einen Punkt enthält; ist dies nicht der Fall, wird die Endung ".DAT" angefügt.
Falls bei der Wahl "Neuanlage/Verlängern" als erster Buchstabe ein großes oder kleines "n" eingetippt wurde, wird durch OPEN ein "Ausgabekanal" mit dem Modus OUTPUT eröffnet, d.h. eine evtl. existierende Datei gleichen Namens wird überschrieben; andernfalls wird mit APPEND zum Verlängern eröffnet.
Schließlich wird die Textmatrix mittels WRITE #2 über den Ausgabekanal geschrieben, d.h. die einzelnen Daten werden nacheinander durch Komma getrennt gespeichert.

Mit "ON ERROR GOTO marke" ist hier eine einfache Form der Fehlerbehandlung eingefügt. Tritt nach ON ERROR ein Fehler auf, so verzweigt das Programm sofort zur genannten Marke und arbeitet die anschließenden Anweisungen ab; hier wird mittel PRINT ERR lediglich die Fehlernummer ausgedruckt. Die Warteschleife soll Gelegenheit geben, z.B. die korrekte Datendiskette einzulegen, falls der Fehler 53 "Datei nicht gefunden" auftrat; anschließend wird mit "RESUME marke" die Programmbehandlung nach dem aufgetretenen Fehler bei der genannten Marke wieder aufgenommen, d.h. hier wird die Prozedur einfach noch einmal neu gestartet.
"CLOSE 2" schließt den Übertragungskanal Nr. 2 .

Tritt kein Fehler auf, muß mit EXIT SUB die Fehlerbehandlungsroutine übersprungen werden, andernfalls würde beim Programmablauf in die Zeilen nach der Marke "fehlerbeimlesen:" 'hineingelaufen'.

Übungen:

Hier wie auch bei den übrigen "gerätefehleranfälligen" Prozeduren sollten Sie mittels einer Mehrfachauswahl einen Fehlerbehandlungsteil einfügen, der die Fehler im Klartext beschreibt.

```
REM Beispiel 53
SUB speichern(datei$(2), anzahl, woerter)
  LOCAL dateiname$, laufwerk$, satz, wort, antwort$
  speichernanfang:
  CLOSE 2
  CLS
  INPUT "Name der zu speichernden Datei   : "  dateiname$
  INPUT "Laufwerk (A / B / C / D )        : " laufwerk$
  PRINT "Neuanlage oder Verlängern (N/V) : ?"
  wahl$ = INPUT$(1)
  dateibezeichnung$ = laufwerk$+":"+dateiname$
  IF  INSTR(dateibezeichnung$, ".") =0 THEN
  dateibezeichnung$ = dateibezeichnung$ + ".DAT"
  END IF
  ON ERROR GOTO fehlerbeimspeichern

  SELECT CASE wahl$
  CASE "N", "n"
    REM Ausgabekanal zum überschreiben
    OPEN dateibezeichnung$ FOR OUTPUT AS #2
  CASE ELSE
    REM Ausgabekanal zum Verlängern
    OPEN dateibezeichnung$ FOR APPEND AS #2
  END SELECT
  FOR satz = 1 TO anzahl
    FOR wort = 1 TO woerter
      WRITE #2, datei$(satz,wort)
    NEXT
  NEXT
  CLOSE 2
  EXIT SUB

  fehlerbeimspeichern:
  CLOSE 2
  PRINT "FEHLER  Nr.: " ERR
  PRINT "Bitte bereinigen   !"
  PRINT "Weiter : Tippen Sie bitte ein 'W' ein"
  DO : antwort$ = INKEY$ : LOOP WHILE antwort$ <> "W"
  RESUME speichernanfang
 END SUB
```

Beispiel 54: Prozedur Datei lesen

Aufgabenstellung:
Formulieren Sie eine Prozedur, mit deren Hilfe eine Datei von einem externen Speicher in den Arbeitsspeicher eingelesen werden kann. Dateiname und Laufwerk müssen frei wählbar sein.

Verfahren:

Entsprechend der Prozedur des Beispieles 53 wird aus Laufwerk und Dateiname eine "dateibezeichnung$" zusammengefügt; eine feste Erweiterung wird jedoch nicht angefügt, um auch Dateien ohne Suffix lesen zu können.
Gelesen wird sequentiell mittels INPUT #2, bis das Ende der über den Eingabekanal gelesenen Datei erreicht ist - UNTIL EOF(2).
Die eingelesenen Sätze werden unter "satz" mitgezählt; die hier festgehaltene Zahl der korrekt gelesenen Sätze wird nach dem Lesevorgang der Variablen "anzahl" (und damit dem Hauptprogramm) übergeben.

```
REM Beispiel 54
SUB lesen(datei$(2), max, anzahl, woerter)
  LOCAL satz,wort,dateiname$,laufwerk$,dateibezeichnung$,antwort$
  lesenanfang:
  CLOSE 2
  CLS
  INPUT "Name der zu lesenden Datei  : "  dateiname$
  INPUT "Laufwerk (A / B / C / D )   : " laufwerk$
  dateibezeichnung$ = laufwerk$+":"+dateiname$
  ON ERROR GOTO fehlerbeimlesen
  OPEN dateibezeichnung$ FOR INPUT AS #2 : REM Eingabekanal
  satz = 0
  DO
    INCR satz
    FOR wort = 1 TO woerter
      INPUT #2, datei$(satz,wort)
    NEXT
  LOOP UNTIL EOF(2)
  anzahl = satz
  CLOSE 2
  EXIT SUB
  fehlerbeimlesen:
  CLOSE 2
  PRINT "FEHLER  Nr.: " ERR
  PRINT "Bitte bereinigen  !"
  PRINT "Weiter : Tippen Sie bitte ein 'W' ein"
  DO : antwort$ = INKEY$ : LOOP WHILE antwort$ <> "W"
  RESUME lesenanfang
END SUB
```

Beispiel 55: Prozedur Daten ausdrucken

Aufgabenstellung:

Formulieren Sie eine Prozedur, mit deren Hilfe eine im Arbeitsspeicher befindliche Datei wahlweise auf dem Drucker oder auf dem Bildschirm ausgegeben werden kann.
Dabei muß wählbar sein, von welchem Satz bis zu welchem Satz die Datei ausgegeben werden soll. Weiterhin soll für den Fall der Bildschirmausgabe nach Ausdrucken eines jeden vollständigen Satzes die Ausgabe unterbrochen und erst auf Tastendruck fortgesetzt werden.

Verfahren:

Zunächst wird erfragt, welche Sätze auszugeben sind. Anschließend wird mittels ' geraet$ = "SCRN:" ' der Bildschirm als Standardgerät bezeichnet.
Falls bei der Antwort auf die Frage nach dem Ausgabegerät als erster Buchstabe ein D oder d eingegeben wurde, wird ' geraet$ = "LPT1:" ' gesetzt, d.h. die Variable "geraet$" bezieht sich jetzt auf das Gerät, das an der Centronics-Schnittstelle angeschlossen ist.
Anschließend wird mittels "OPEN geraet$ FOR OUTPUT AS #2" ein "Ausgabekanal Nr. 2" zu dem Gerät eröffnet, das durch die Variable "geraet$" bezeichnet wird.
Mittels "PRINT #2, ..." werden anschließend die bezeichneten Informationen über diesen Kanal an das Gerät gesandt.

Schließlich wird, wie in der Aufgabenformulierung vorgesehen, im Falle, daß ' geraet$ = "SCRN:" 'ist, eine Warteschleife aufgerufen.

```
REM Beispiel 55
SUB datenausdrucken(datei$(2), anzahl, woerter)
  LOCAL von, bis, antwort$, daten$, geraet$, satz, wort
  ausdruckenanfang:
  CLOSE 2
  CLS
  INPUT "Welche Sätze sind auszugeben :         von :"  von
  INPUT "                                       bis :"  bis
  PRINT "Ausgabe über Drucker oder Bildschirm (D/B) ?"
  antwort$ = INPUT$(1)
  ON ERROR GOTO fehlerbeimdruck
  geraet$ = "SCRN:"
  IF INSTR("Dd", antwort$)  THEN geraet$ = "LPT1:"
  OPEN geraet$ FOR OUTPUT AS #2 : REM Ausgabekanal Nr. 2
  FOR satz = von TO bis
    RESTORE
    PRINT #2,satz;". Datensatz:"
    PRINT #2,
    FOR wort = 1 TO woerter
      READ daten$
      PRINT #2, daten$;
      PRINT #2, datei$(satz,wort)
    NEXT
    PRINT #2,
    PRINT #2,
    IF geraet$ = "SCRN:" THEN
      PRINT "Weiter : Bitte eine Taste drücken"
      DO : antwort$ = INKEY$ : LOOP WHILE antwort$ = ""
    END IF
  NEXT
  CLOSE 2
  EXIT SUB
  fehlerbeimdruck:
  CLOSE 2
  PRINT "FEHLER  Nr.: " ERR
  PRINT "Bitte bereinigen  !"
  PRINT "Weiter : Tippen Sie bitte ein 'W' ein"
  DO : antwort$ = INKEY$ : LOOP WHILE antwort$ <> "W"
  RESUME ausdruckenanfang
END SUB
```

Beispiel 56: Prozedur Sortieren in der Zentraleinheit.

Eine Prozedur ist zu formulieren, mit deren Hilfe eine im Arbeitsspeicher befindliche Datei sortiert werden kann. Dabei muß wählbar sein, nach welchem der Worte eines Datensatzes sortiert werden soll. Die Sortierung muß unabhängig vom Auftreten von Groß- oder Kleinschreibung bzw. von Umlauten korrekt erfolgen. Als Sortiertechnik ist der bubble-sort mit Abbruchkriterium anzuwenden.

Verfahren:

Im Hauptteil dieser Prozedur wird zunächst einmal mittels LCASE$ das Wort des bisherigen Datensatzes, nach dem sortiert werden soll, in Kleinschreibung auf die Stelle "hilfswort$" umgespeichert.
Da LCASE$ und UCASE$ (Großschreibung) Umlaute nicht berücksichtigen, kann dieses Hilfswort noch nicht für Sortierzwecke herangezogen werden; zunächst müssen sämtliche Umlaute und das ß im "hilfswort$" durch ae, oe, ue und ss ersetzt werden.
Hierfür wird Buchstabe für Buchstabe des Hilfswortes unter der Variablen p mittels ASC( ) der ASCII-Code des betreffenden Buchstabens gebildet. Im Anschluß an die SELECT-CASE-Struktur wird mittels CHR$(p) das Symbol zurückgewonnen und an den Sortierstring angefügt, der an den Datensatz an der Stelle "woerter+1" angehängt wird.
Tritt während des Umsetzens unter p der Code eines Umlautes oder der des "ß" auf, so wird an den Sortierstring zunächst im Rahmen der CASE-Struktur ein "a", "o", "u" oder "s" angefügt und danach die Variable p auf 101 bzw. 115 für "e" bzw. "s" gesetzt. Dadurch wird nach Durchlaufen der CASE-Struktur zusätzlich zum zwischenzeitlich beispielsweise angefügten "a" noch ein "e" angefügt, so daß jetzt aus "Ä" oder "ä" im Sortiertstring an der Stelle "woerter+1" ein "ae" geworden ist.

Im letzten Drittel der Prozedur wird bezüglich des an jeden Datensatz angehängten Sortierstrings sortiert.

Hierbei wird die Datei fortlaufend vom ersten bis zum vorletzten Satz daraufhin durchgesehen, ob bezogen auf das zusätzliche vierte Wort dieser und der nachfolgende Satz in der lexikalisch korrekten Ordnung stehen. Ist dies nicht der Fall, so werden die beiden Sätze Wort für Wort mittels SWAP getauscht; gleichzeitig erhält die Variable "sortiert", die vor jedem Durchlauf auf "TRUE" gesetzt wird, den Wahrheitswert "FALSE", um anzuzeigen, daß in diesem Durchlauf mindestens eine Vertauschung vorgenommen wurde, die Datei also noch nicht sortiert vorgelegen hatte.

Dieses ständige Durchkämmen der Datei nach noch zu vertauschenden Sätzen endet, wenn nach einem Durchlauf die Variable "sortiert" den Wert "TRUE" hat, weil in diesem Fall während des gesamten vorangegangenen Durchlaufs keine Sätze mehr getauscht wurden, die Datei also bezüglich des angefügten Sortierstrings bereits sortiert vorlag.

```
REM Beispiel 56
SUB sortiereninderze(datei$(2), anzahl, woerter)
  LOCAL sortierwort,satz,wort,buchstabe,p,sortiert,hilfswort$
  IF anzahl>1 THEN
    INPUT "Sortiermerkmal : 1 , 2 oder 3 ?" sortierwort
    REM Zunächst Sortierstring anlegen
    FOR satz = 1 TO anzahl
      hilfswort$ = LCASE$(datei$(satz, sortierwort))
      datei$(satz,woerter+1) = ""
      FOR buchstabe = 1 TO LEN(hilfswort$)
        p = ASC(MID$(hilfswort$, buchstabe, 1))
        SELECT CASE p
        CASE  142,132 :REM  Ä,ä
          datei$(satz,woerter+1) = datei$(satz,woerter+1)+"a"
          p = 101 : REM e
        CASE  153,148 :REM  Ö,ö
          datei$(satz,woerter+1) = datei$(satz,woerter+1)+"o"
          p = 101 : REM e
        CASE  154,129 :REM Ü, ü
          datei$(satz,woerter+1) = datei$(satz,woerter+1)+"u"
          p = 101 : REM e
        CASE  225 : REM ß
          datei$(satz,woerter+1) = datei$(satz,woerter+1)+"s"
          p = 115 : REM s
        CASE ELSE

        END SELECT
        datei$(satz,woerter+1) = datei$(satz,woerter+1)+CHR$(p)
      NEXT
    NEXT

    REM Ab hier bubble-sort
    TRUE = -1 : FALSE = 0
    DO
      sortiert = TRUE
      FOR satz = 1 TO anzahl-1
        IF datei$(satz,woerter+1)>datei$(satz+1,woerter+1) THEN
          FOR wort = 1 TO woerter+1
            SWAP datei$(satz,wort), datei$(satz+1,wort)
          NEXT
          sortiert = FALSE
        END IF
      NEXT
    LOOP UNTIL sortiert : REM entspricht sortiert = TRUE
  END IF
END SUB
```

Beispiel 57: Prozedur Daten suchen

Aufgabenstellung:

Eine Prozedur ist zu formulieren, mit deren Hilfe eine im Arbeitsspeicher befindliche Datei bezüglich eines einzugebenden Suchwortes durchgesehen werden kann. Dabei soll wählbar sein, nach welchem Wort eines Datensatzes gesucht wird.
Sämtliche Sätze, in denen der Suchbegriff enthalten ist, sind auszugeben; dabei soll als Ausgabemedium zwischen Bildschirm und Drukker gewählt werden können. Bei der Bildschirmausgabe soll nach jedem ausgegebenen Datensatz ein Programmstop vorgesehen werden, der durch Druck auf die Taste "W" aufgehoben wird.

Zu formulieren ist ein einfaches lineares Suchverfahren.

Verfahren:

Die Umschaltmöglichkeit zwischen Bildschirm und Drucker wird in dieser Prozedur in der gleichen Weise gelöst wie in der Prozedur "Ausdrucken". Die Suche geschieht einfach dadurch, daß Satz für Satz daraufhin durchgesehen wird, ob das "suchwort$" an der betreffenden Stelle im Datensatz enthalten ist; ist dies der Fall, so wird der gesamte Datensatz einschließlich der DATA-Kommentare ausgedruckt.

Übungen:

Fügen Sie bitte die Möglichkeit hinzu, daß auch Fragmente eines Suchbegriffes verarbeitet werden können. Hinweise hierzu sind im Beispiel "Fragmentabfrage" enthalten.

Formulieren Sie eine Prozedur, bei der bezüglich bereits sortierter Dateien mit der Technik des binären Suchens gearbeitet wird.

```
REM  Beispiel 57
SUB datensuchen(datei$(2), anzahl, woerter)
  LOCAL x, satz, wort, suchwort$, antwort$, daten$
  anfangsuchen:
  CLOSE 2
  CLS
  INPUT "Suchmerkmal 1 , 2 oder 3                        ?:" x
  INPUT "Suchstring                                       :" suchwort$
  PRINT "Ausgabe über Drucker oder Bildschirm (D/B) ?"
  antwort$ = INPUT$(1)
  ON ERROR GOTO fehlersuchen
  geraet$ = "SCRN:"
  IF INSTR("Dd", antwort$)  THEN geraet$ = "LPT1:"
  OPEN geraet$ FOR OUTPUT AS #2
  FOR satz = 1 TO anzahl
    IF datei$(satz,x)=suchwort$ THEN
      RESTORE
      PRINT #2,satz;". Datensatz:"
      PRINT #2,
      FOR wort = 1 TO woerter
        READ daten$
        PRINT #2, daten$;
        PRINT #2, datei$(satz,wort)
      NEXT
      PRINT #2,
      PRINT #2,
      IF geraet$ = "SCRN:" THEN
        PRINT "Weiter : Bitte eine Taste drücken"
        DO : antwort$ = INKEY$ : LOOP WHILE antwort$ = ""
      END IF
    END IF
  NEXT
  CLOSE 2
  EXIT SUB
  fehlersuchen:
  PRINT "FEHLER  Nr.: " ERR
  PRINT "Bitte bereinigen  !"
  PRINT "Wenn Sie fertig sind, tippen Sie bitte ein "W" ein"
  DO : antwort$ = INKEY$ : LOOP WHILE antwort$ <> "W"
  RESUME anfangsuchen
END SUB
```

Beispiel 58: Prozedur Daten korrigieren

Aufgabenstellung:

Codieren Sie eine Prozedur, mit deren Hilfe aus einer im Arbeitsspeicher befindlichen Datei einzelne Sätze auf dem Bildschirm ausgegeben und durch einfaches überschreiben korrigiert werden können.

Einzugeben ist die Nummer des Satzes, der korrigiert werden soll.

Verfahren:

Das Verfahren besteht darin, die Wörter des gewünschten Satzes einschließlich der aus dem Hauptprogramm gelesenen Kommentare auf den Schirm zu schreiben, nachdem mittels LOCATE 5,1 der Cursor auf eine bestimmte Stelle (Zeile 5, 1. Anschlag) gesetzt wurde.
Anschließend wird der DATA-Zeiger auf den Anfang gesetzt, der Cursor wieder mittels LOCATE 5,1 auf die Ausgangsposition gebracht und die neue Schreibweise wird eingelesen.
Dabei wird jedoch nicht aus dem Schirm gelesen; übernommen wird nur, was im Tastaturpuffer steht. Damit man dennoch unveränderte Strings einfach mittels Return übernehmen kann, wird die Eingabe unter "neu$" gespeichert; enthält "neu$" kein Symbol, wird diese Eingabe nicht in den Satz der Datei übernommen.
Wichtig: Bei Änderungen ist der gesamte String neu zu schreiben.

Übungen:

Es ist nicht erforderlich, die Kommentare noch einmal lesen und schreiben zu lassen. Ändern Sie bitte die Prozedur so ab, daß die bereits auf den Schirm geschriebenen Kommentare beim erneuten Einlesen mitbenutzt werden können.

```
REM Beispiel 58
SUB datenkorrigieren(datei$(2), anzahl, woerter)
  LOCAL satz, wort, daten$, neu$
  CLS
  INPUT "Welcher Satz ist zu ändern ? Nr:" satz
  CLS
  RESTORE
  LOCATE 5,1
  FOR wort = 1 TO woerter
    READ daten$
    PRINT daten$;
    PRINT "  ";datei$(satz,wort)
  NEXT

  RESTORE
  LOCATE 5,1
  FOR wort = 1 TO woerter
    READ daten$
    PRINT daten$;
    INPUT neu$
    IF neu$ <> "" THEN datei$(satz, wort) = neu$
  NEXT
END SUB
```

Beispiel 59: Prozedur Daten löschen

Aufgabenstellung:

Formulieren Sie eine Prozedur, mit deren Hilfe in einer im Arbeitsspeicher befindlichen Datei einzelne Sätze gelöscht werden können. Einzugeben ist die Nummer des Satzes, der gelöscht werden soll.

Verfahren:

Das Verfahren besteht darin, vom zu löschenden Satz an aufwärts jeden Satz durch den nächsthöheren Satz zu überschreiben. Vorher wird der zu löschende Satz noch einmal auf den Schirm geschrieben, versehen mit einem Hinweis, daß dieser Satz gelöscht wird.
Nach Löschung eines Satzes wird die "anzahl" um 1 verringert, so daß anschließend der ursprünglich letzte Satz, der im Arbeitsspeicher noch vorhanden ist, nicht mehr mit verwaltet wird.

Übungen:

Der zu löschende Satz wird zwar noch einmal angezeigt, der Benutzer hat aber bei der jetzigen Prozedurformulierung keine Möglichkeit, eine Fehleingabe rückgängig zu machen.
Ergänzen Sie die Prozedur dergestalt, daß nach Eingabe der Nummer des zu löschenden Satzes rückgefragt wird, ob dieser Satz wirklich gelöscht werden soll; nur im Falle einer positiven Antwort ist der Satz zu löschen, andernfalls soll nach der korrekten Nummer des zu löschenden Satzes gefragt werden bzw. die Löschung durch Eingabe einer Null abgebrochen werden können.
Prüfen Sie bitte, ob diese Prozedur auch den Fall mit erfaßt, daß der letzte Satz einer Datei gelöscht werden soll. Fügen Sie - sofern erforderlich - Korrekturen oder Ergänzungen ein.

```
REM Beispiel 59

SUB datenloeschen(datei$(2), anzahl, woerter)
  LOCAL satznummer, wort, satz, daten$
  CLS
  INPUT "Welcher Satz ist zu löschen :" satznummer
  RESTORE
  FOR wort = 1 TO woerter
    READ daten$
    PRINT daten$;
    PRINT datei$(satznummer,wort)
  NEXT
  PRINT "Dieser Satz Nr.";satznummer;"wird gelöscht !"
  FOR satz = satznummer TO anzahl-1
    FOR wort = 1 TO woerter
      datei$(satz,wort) = datei$(satz+1,wort)
    NEXT
  NEXT
  DECR anzahl
  PRINT "Weiter : Bitte eine Taste drücken"
  DO : antwort$ = INKEY$ : LOOP WHILE antwort$ = ""
END SUB
```

Beipiel 60: Vollständiges Dateiverwaltungsprogramm

Aufgabenstellung:

Unter Verwendung des Dateistrukturprogrammes und der inzwischen formulierten Prozeduren ist ein funktionsfähiges Gesamtprogramm möglichst übersichtlich zusammenzusetzen.

Verfahren:

Wie bereits erwähnt, soll hier das Verfahren des Zusammensetzens mittels $INCLUDE angewandt werden.

Hierfür ist es lediglich erforderlich, diejenigen Leerprozeduren, die durch die endgültigen Prozduren ersetzt werden sollen, aus dem Strukturprogramm zu löschen und an ihre Stelle den Aufruf

```
$INCLUDE "Pfad:Programmname"
```

zu setzen.

Wird das so abgeänderte Strukurprogramm compiliert, so werden die aufgerufenen Prozeduren mit eingebunden; es werden in diesem Fall insgesamt 371 Zeilen compiliert und das Gesamtprogramm ist lauffähig.

```
REM Beispiel 60
REM Datei-Struktur
CLS
INPUT "Maximalzahl der Sätze :" max
woerter = 3
PRINT "Anzahl Daten pro Satz :   3"
DELAY 1 : REM Wartezeit 1 Sekunde
DIM datei$(1:max,1:woerter+1) : REM + 1 Sortierstring
DATA "Name     :","Vorname  :","Geb.Datum:"
anzahl=0

REM Hauptmenue
DO
  CLS
  PRINT
  PRINT "Dateiverwaltung ";max;"Sätze /";woerter;"Daten je Satz"
  PRINT
  PRINT "Datei anlegen/verlängern ZE   ..........1"
  PRINT
  PRINT "Datei speichern ......................2"
  PRINT
  PRINT "Datei einlesen  ......................3"
  PRINT
  PRINT "Daten ausdrucken B/D          .............4"
  PRINT
  PRINT "Daten sortieren in der ZE ..............5"
  PRINT
  PRINT "Datei ändern in der ZE    ..............6"
  PRINT
  PRINT "Programmende                ..............9"
  LOCATE 22,15
  PRINT "Verwaltet werden zur Zeit " anzahl " Datensätze"
  LOCATE 18,30
  INPUT "Ihre Wahl "  wahl
  SELECT  CASE wahl
  CASE 1
    CALL anlegenverl(datei$(),(max),anzahl,(woerter))
  CASE 2
    CALL speichern(datei$(),(anzahl),(woerter))
  CASE 3
    CALL lesen(datei$(),max,anzahl,(woerter))
  CASE 4
    CALL datenausdrucken(datei$(),(anzahl),(woerter))
  CASE 5
    CALL sortiereninderze(datei$(),(anzahl),(woerter))
  CASE 6
    CALL aendernimarbeitsspeicher(datei$(),anzahl,(woerter))
  CASE 9
    CALL ende
  CASE ELSE
    PRINT "Fehleingabe"
  END SELECT
LOOP UNTIL wahl=9
```

```
SUB aendernimarbeitsspeicher( datei$(2), anzahl, woerter)
  DO
    CLS
    PRINT "                         Verteiler Ändern"
    PRINT "                ---------------------------------"
    PRINT "                    Suchen            .........1"
    PRINT
    PRINT "                    Korrigieren       .........2"
    PRINT
    PRINT "                    Löschen           .........3"
    PRINT
    PRINT "                    Rückkehr Hauptverteiler   9"
    PRINT
    LOCATE 22,15
    PRINT "Verwaltet werden zur Zeit "anzahl "Datensätze"
    LOCATE 18,30
    INPUT "Ihre Wahl " wahl2
    SELECT CASE wahl2
    CASE 1
      CALL datensuchen(datei$(),(anzahl),(woerter))
    CASE 2
      CALL datenkorrigieren(datei$(),(anzahl),(woerter))
    CASE 3
      CALL datenloeschen(datei$(),anzahl,(woerter))
    CASE 9
      CALL rueckkehrhauptverteiler
    CASE ELSE
      PRINT "Fehleingabe"
    END SELECT
  LOOP UNTIL wahl2=9
END SUB
SUB rueckkehrhauptverteiler
  DELAY 1 : REM Wartezeit 1 Sekunde
END SUB

$INCLUDE "a:anlegen.bas"
$INCLUDE "a:speichern.bas"
$INCLUDE "a:lesen.bas"
$INCLUDE "a:ausdrucken.bas"
$INCLUDE "a:sortieren.bas"
$INCLUDE "a:suchen.bas"
$INCLUDE "a:aendern.bas"
$INCLUDE "a:loeschen.bas"

SUB ende
  PRINT "Programm korrekt abschließen"
  PRINT "Programm wird auf beliebigen Tastendruck verlassen"
  DO : a$ = INKEY$ : LOOP WHILE a$ <> ""
END SUB
```

Voraussetzung für ein Einbinden der Prozeduren ist natürlich, daß die aufgeführten Prozeduren auch unter diesem Namen im angegebenen Laufwerk zur Verfügung stehen.

Literaturhinweise

I Grundlagen:

(1) Bowles, K.L.: Pascal für Mikrocomputer.
Berlin-Heidelberg-New York: Springer 1982

(2) Cohors-Fresenborg, E.: Mathematik mit Kalkülen und Maschinen. Braunschweig : Vieweg 1977

(3) Deller, H.: Boolesche Algebra
Frankfurt a.M.: Diesterweg/Salle 1976

(4) Dworatschek, S.: Einführung in die Datenverarbeitung.
2. Aufl. Berlin: de Gruyter 1969

(5) Freund/Sorger: Aussagenlogik und Beweisverfahren.
Stuttgart: Teubner 1974

(6) Lamprecht, G.: Einführung in die Programmiersprache SIMULA.
2. Aufl. Braunschweig-Wiesbaden: Vieweg 1982

(7) Lehrbuch der Mathematik für Wirtschaftswissenschaften.
Hrsg.: Körth, H. u.a. Opladen: Westdeutscher Verlag 1972

(8) Loczewski, P.G.: Logik der Strukturierung von Programmen.
München: Oldenbourg 1980

(9) Wirth, N.: Algorithmen und Datenstrukturen.
3. Aufl. Stuttgart: Teubner 1983

(10) Wirth, N.: Systematisches Programmieren.
4. Aufl. Stuttgart: Teubner 1983

Ohne Verfasser:

(11) Handbuch Turbo Basic, Hrsg.: Heimsoeth Software GmbH & Co. KG
München 1987

II Quellen mit Aufgaben aus verschiedenen Programmiersprachen, insbesondere BASIC und Pascal

(12) Baumann, R.: BASIC. Eine Einführung in das Programmieren. Stuttgart: Klett 1980

(13) Baumann, R.: Programmieren mit PASCAL Würzburg: Vogel 1980

(14) Engel, A.: Elementarmathematik vom algorithmischen Standpunkt. Stuttgart: Klett 1977

(15) Fischer, V.: COMAL in Beispielen. Stuttgart: Teubner 1986

(16) Menzel, K.: BASIC in 100 Beispielen. 4. Aufl. Stuttgart: Teubner 1984

(17) Schauer, H.: PASCAL für Anfänger. 2. Aufl. Wien/München: Oldenbourg 1977

(18) Schauer, H.: PASCAL-Übungen. Wien/München: Oldenbourg 1978

Sachverzeichnis
===============

Liste der Turbo BASIC-Beispiele (alphabetisch)

Anhang

Hinweise zur Disketten-Version:

Zu diesem Band ist eine Programmdiskette für IBM-kompatible PC's (Laufwerk: 360 KB ; MS-DOS) erhältlich.

Das Informationsprogramm der Diskette ist unter Turbo BASIC aus dem Menü Files durch Eingabe von

L (für Load) und
INFO plus Return

zu laden und mittels Esc und R zu starten.

MikroComputer-Praxis

Fortsetzung

Die Teubner Buch- und Diskettenreihe für Schule, Ausbildung, Beruf, Freizeit, Hobby

Klingen/Liedtke: **Programmieren mit ELAN**
207 Seiten. DM 24,80

Könke: **Lineare und stochastische Optimierung mit dem PC**
157 Seiten. DM 26,80

Koschwitz/Wedekind: **BASIC-Biologieprogramme**
191 Seiten. DM 24,80

Lehmann: **Fallstudien mit dem Computer**
Markow-Ketten und weitere Beispiele aus der Linearen Algebra und Wahrscheinlichkeitsrechnung
256 Seiten. DM 24,80

Lehmann: **Lineare Algebra mit dem Computer**
285 Seiten. DM 24,80

Lehmann: **Projektarbeit im Informatikunterricht**
Entwicklung von Softwarepaketen und Realisierung in PASCAL
236 Seiten. DM 24,80

Löthe/Quehl: **Systematisches Arbeiten mit BASIC**
2. Aufl. 188 Seiten. DM 24,80

Lorbeer/Werner: **Wie funktionieren Roboter**
2 Aufl. 144 Seiten. DM 24,80

Mehl/Nold: **d BASE III Plus in 100 Beispielen**
In Vorbereitung

Mehl/Stolz: **Erste Anwendungen mit dem IBM-PC**
284 Seiten. DM 26,80

Menzel: **BASIC in 100 Beispielen**
4. Aufl. 244 Seiten. DM 25,80

Menzel: **Dateiverarbeitung mit BASIC**
237 Seiten. DM 28.80

Menzel: **LOGO in 100 Beispielen**
234 Seiten. DM 25,80

Mittelbach: **Simulationen in BASIC**
182 Seiten. DM 24,80

Mittelbach/Wermuth: **TURBO-PASCAL aus der Praxis**
219 Seiten. DM 24,80

Nievergelt/Ventura: **Die Gestaltung interaktiver Programme**
124 Seiten. DM 24,80

Ottmann/Schrapp/Widmayer: **PASCAL in 100 Beispielen**
258 Seiten. DM 26,80

Otto: **Analysis mit dem Computer**
239 Seiten. DM 24,80

v. Puttkamer/Rissberger: **Informatik für technische Berufe**
Ein Lehr- und Arbeitsbuch zur programmierbaren Mikroelektronik
284 Seiten. DM 24,80

Weber: **PASCAL in Übungsaufgaben**
Fragen, Fallen, Fehlerquellen
152 Seiten. DM 23,80

Preisänderungen vorbehalten

 B. G. Teubner Stuttgart